中等职业教育系列教材

Visual Basic 程序设计
项目化案例教程

主　编　王　萍

副主编　李菊霞　杨吟梅

主　审　吕小华

西安电子科技大学出版社

内 容 简 介

本书共讲解了 21 个 Visual Basic 程序设计案例(其中包括两个综合项目设计),提供了近 40 个探索与思考题,另外设计了 20 多个学生自主设计项目。全书以案例设计为主线,采用任务驱动方式,以案例带动知识点的学习,将控件知识与语法、语句、算法的知识有机结合,在介绍语法、算法的过程中逐步引入所需控件。每个案例均由案例效果、技术分析、操作步骤、探索与思考和学生自主设计 5 个部分组成,可充分保证知识的系统性和完整性。

本书可作为中等职业技术学校计算机专业或高职非计算机专业的教材,也可作为初、中级培训班的教材,还可作为初学者的自学用书。

★ 本书配有电子教案,有需要的老师可与出版社联系,免费提供。

图书在版编目(CIP)数据

Visual Basic 程序设计项目化案例教程 / 王萍主编.

—西安:西安电子科技大学出版社,2009.2(2018.9 重印)

(中等职业教育系列教材)

ISBN 978–7–5606–2176–0

Ⅰ. V… Ⅱ. 王… Ⅲ. BASIC 语言—程序设计—专业学校—教材 Ⅳ. TP312

中国版本图书馆 CIP 数据核字(2009)第 006443 号

策　　划	陈　婷	
责任编辑	陈　婷	
出版发行	西安电子科技大学出版社(西安市太白南路 2 号)	
电　　话	(029)88242885　88201467	邮　　编　710071
网　　址	www.xduph.com	电子邮箱　xdupfxb001@163.com
经　　销	新华书店	
印刷单位	北京虎彩文化传播有限公司	
版　　次	2009 年 2 月第 1 版　2018 年 9 月第 3 次印刷	
开　　本	787 毫米×1092 毫米　1/16　印　张　13	
字　　数	300 千字	
定　　价	26.00 元	

ISBN 978–7–5606–2176–0/TP

XDUP 2468001–3

＊＊ 如有印装问题可调换 ＊＊＊

中等职业教育系列教材

编审专家委员会名单

前　言

Visual Basic 6.0 因其简单易学、开发快捷、功能强大等特点，深受广大专业和非专业计算机程序开发人员的喜爱。它继承了 Basic 语言面向普通用户和易学易用的优点，同时又引入了可视化图形用户界面的编程方法和面向对象的机制，成为当今世界使用最为广泛的程序开发语言之一。

本书共讲解了 21 个案例(其中包括两个综合项目设计)，提供了将近 40 个探索与思考题，以帮助读者对案例进行修改与完善；另外设计了 20 多个学生自主设计项目，以培养学生自主学习的能力。全书以案例设计为主线，采用真正的任务驱动方式，展现了全新的教学方法。书中以案例带动知识点的学习，将控件知识与语法、语句、算法的知识有机结合，在介绍语法、算法的过程中逐步引入所需控件，既克服了学习语法和算法知识枯燥、难懂的问题，又加深了对控件使用方法的理解，从而有效带动学生的学习，激发学生的创作热情，促使他们能了解、掌握应用程序开发的过程及思想。每个案例均由案例效果、技术分析、操作步骤、探索与思考和学生自主设计 5 个部分组成，按照案例进行讲解可充分保证知识的系统性和完整性。读者可以按照本书的操作步骤去操作，从而完成应用案例的设计，还可以在案例设计中轻松地掌握 Visual Basic 程序设计的方法和技巧。综合项目设计力求贯穿全部知识点，进一步加深和强化学生对所学内容的理解，了解程序在计算机中的执行过程以及计算机软件的开发过程，掌握程序调试技术，提高学习兴趣。

本书由浅入深、由易到难、循序渐进、图文并茂、理论与实际制作相结合，不但能够快速入门，而且可以达到较高的水平，有利于教学和自学。

本书共分 13 章，其中最后两章是两个综合项目设计，参考总学时为 100 学时。第 1 章认识 Visual Basic 6.0，学习安装 Visual Basic 6.0；第 2 章介绍面向对象的程序设计基础——对象及对象的三要素；第 3 章介绍 Visual Basic 6.0 语言基础；第 4 章介绍程序的 3 种基本结构，学习顺序结构的程序设计；第 5 章学习选择结构的程序设计；第 6 章学习循环结构的程序设计；第 7 章学习数组的使用；第 8 章学习使用菜单与工具栏等界面元素来设计应用程序的界面，使程序具有友好的用户界面；第 9 章学习使用图形与图像控件来设计图形程序；第 10 章学习如何进行多媒体及网络等方面的程序设计；第 11 章学习文件的相关操作；第 12 和第 13 章学习两个综合项目的开发与设计过程。

本书的作者都是中职学校的一线计算机教师，有丰富的教学实践经验，教材的编写思路适合中职学校学生的学习特点，更符合中职学生的心理状况。本书将任务驱动教学法和探究学习法结合起来，能更好地调动学生的学习积极性，增强学生学习的主动性，让学生体会到学习的乐趣，自然而然地升华到"我要学"的良好互动的境界。

　　本书由南京市江宁职教中心王萍任主编，李菊霞和杨吟梅任副主编。

　　本书可作为中等职业技术学校计算机专业或高职非计算机专业的教材，也可作为初、中级培训班的教材，还适于作为初学者的自学用书。

　　限于作者水平，加之编写、出版时间仓促，书中难免存在疏漏和不妥之处，敬请广大读者批评指正。

编　者

2008 年 8 月

目　　录

第1章　认识 Visual Basic 6.0

Visual Basic(简称为 VB)提供了进行 Windows 程序设计的简单方法。使用 Visual Basic 可以使用户充分利用计算机系统的功能，迅速简便地建立具有专业水平界面且功能强大的应用程序。

Visual Basic 是 Microsoft 公司推出的一个可视化程序开发工具软件，是目前世界上应用最广泛的程序开发工具之一，同时，也是一种高级程序设计语言。Visual Basic 6.0 编程简单、方便，功能强大，具有与其他语言良好的接口，不需要编程人员具备特别高深的专业知识。

学习目标：

(1) 了解 Visual Basic 6.0 的基本特点及安装。
(2) 熟悉 Visual Basic 的集成开发环境。
(3) 掌握简单的 Visual Basic 程序的编写方法。

【案例 1-1】 第一个应用程序

一、案例效果

案例运行时的界面如图 1-1 所示，单击"请点击我"按钮，在窗体上显示文字"这是我用 VB 设计的第一个应用程序"。

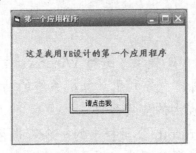

图 1-1

二、技术分析

开发 Visual Basic 程序包括创建用户界面、设置对象属性、程序编辑、调试和运行等过程。Visual Basic 集成开发环境把整个开发中所需的工具集成在一起，使整个开发过程可在可视化的窗口中进行，使程序设计过程既方便又快捷。

1. 启动 Visual Basic 6.0

在"开始"菜单中选择"程序"——"Microsoft Visual Basic 6.0 中文版"菜单项，如图1-2 所示，则 Visual Basic 6.0 应用程序自动启动，然后会出现如图 1-3 所示的窗口，点击其中的"打开"按钮，会出现如图 1-4 所示的集成开发环境。

图 1-2

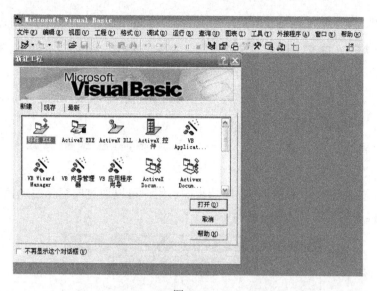

图 1-3

图 1-4

2. Visual Basic 6.0 的集成开发环境

Visual Basic 的集成开发环境的界面是一个标准的 Windows 应用程序界面，它具有标题栏、菜单栏和工具栏等部件。

(1) 标题栏。标题栏如图 1-5 所示，除显示正在使用的工程和 Microsoft Visual Basic 字样外，还显示开发环境所处的工作模式。Visual Basic 6.0 有以下三种工作模式：

① 设计模式：正在进行应用程序的开发、程序界面的设计和代码的编辑。

② 运行模式：正在运行应用程序，此时既不可编辑界面和代码，也不能设计程序。

③ 中断模式：在调试程序时暂时中断应用程序的运行，此时可以编辑代码。

图 1-5

(2) 菜单栏。菜单栏如图 1-6 所示，其上显示 Visual Basic 6.0 开发环境的命令。

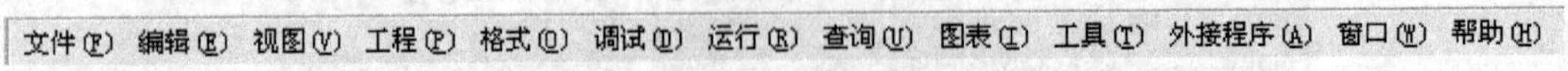

文件(F) 编辑(E) 视图(V) 工程(P) 格式(O) 调试(D) 运行(R) 查询(U) 图表(I) 工具(T) 外接程序(A) 窗口(W) 帮助(H)

图 1-6

(3) 工具栏。工具栏如图 1-7 所示，它由多个图标按钮组成，用于对常用命令的快速访问。

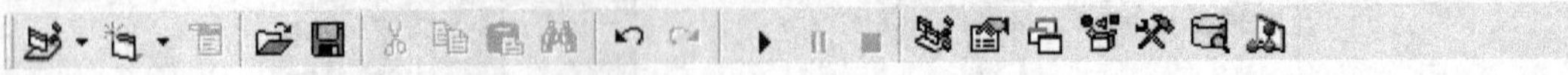

图 1-7

(4) 窗体。窗体是用来设计应用程序的界面。用户可以通过向窗体添加控件、图形和图片来创建应用程序的界面，如图 1-8 所示。

工程1 - Form1 (Form)
Form1

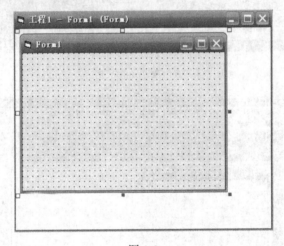

图 1-8

(5) 工具箱。工具箱提供了一组工具，用于设计时在窗体中放置控件。可以通过选择“视图”—“工具箱”菜单命令打开或关闭工具箱。图 1-9 所示是 Visual Basic 6.0 提供的通用工具箱。

General

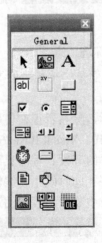

图 1-9

(6) "属性"窗口。"属性"窗口列出了选定窗体或控件属性的设置值,可以通过选择"视图"—"属性窗口"菜单命令打开或关闭"属性"窗口。图1-10所示是窗体Form1的"属性"窗口。

图1-10

(7) 工程资源管理器窗口。工程资源管理器窗口如图 1-11 所示,其中列出了当前工程中的窗体和模块等。当创建或删除窗体和模块文件时,工程资源的变化都会在该窗口中反映出来。

(8) "窗体布局"窗口。"窗体布局"窗口让用户使用一个表示屏幕的小图像来布置应用程序中各个窗体在屏幕上的位置,如图1-12所示。

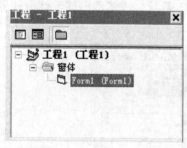

图1-11

图1-12

(9) 代码编辑器窗口。代码编辑器窗口是应用程序代码的编辑区域,应用程序的每一个窗体或模块都有一个单独的代码编辑器窗口。单击工程资源管理器窗口左上角的圖按钮,即打开窗体的代码编辑器窗口。图1-13所示为本章案例的代码编辑器窗口。

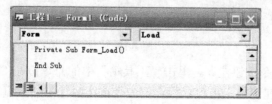

图1-13

3. 退出 Visual Basic 6.0

选择"文件"菜单中的"退出"命令即可退出 Visual Basic，如图 1-14 所示。

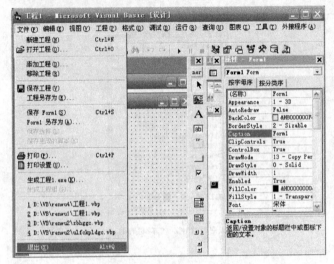

图 1-14

三、操作步骤

1. 创建用户界面

(1) 启动 Visual Basic 6.0。在"开始"菜单中选择"程序"→"Microsoft Visual Basic 6.0 中文版"命令，如图 1-2 所示。在弹出的"新建工程"对话框中选择"新建"选项卡中的"标准 EXE"选项，然后单击"打开"按钮，如图 1-15 所示，成功后出现窗体设计界面，如图 1-4 所示。

图 1-15

(2) 向窗体添加命令按钮控件。单击"工具箱"中的命令按钮(Command Button)控件，如图 1-16 所示，然后在窗体上拖曳鼠标，把命令按钮控件添加到窗体上，并将命令按钮控件调整到适当位置，如图 1-17 所示。

图 1-16

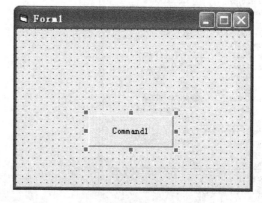

图 1-17

(3) 向窗体添加标签控件。在"工具箱"中单击标签(Label1)控件，然后在窗体中拖曳鼠标，把标签控件添加到窗体上，将标签控件调整到适当位置，如图 1-18 所示。

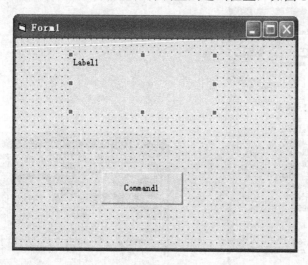

图 1-18

2. 设置对象的属性

(1) 改变窗体标题。在窗体的"属性"窗口中将窗体的 Caption 属性的值改为"第一个应用程序"，如图 1-19 所示。

(2) 设置命令按钮的属性。在命令按钮的"属性"窗口中，将其 Caption 属性值改为"请点击我"，如图 1-20 所示。再在命令按钮的"属性"窗口中，单击 Font 属性值右边的按钮，如图 1-21 所示，出现"字体"对话框，如图 1-22 所示。在"字体"对话框中的"大小"选项栏中选择"四号"，然后单击"确定"按钮。

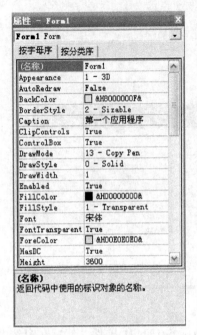

图 1-19

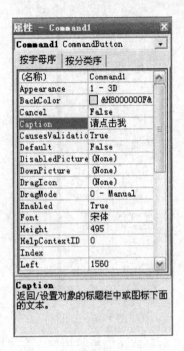

图 1-20

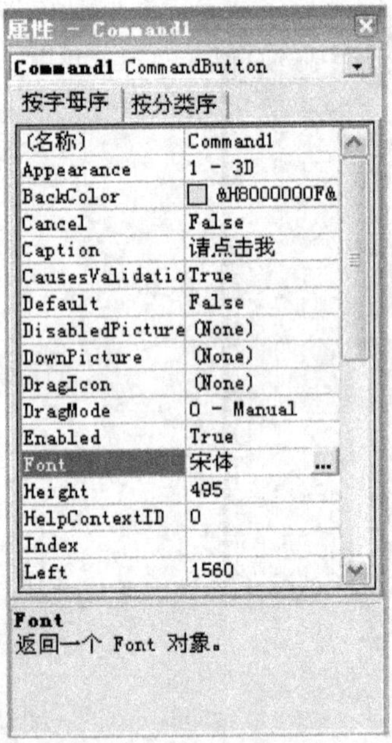

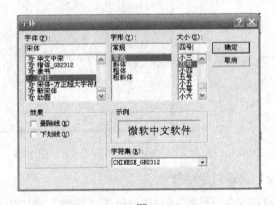

图 1-21

图 1-22

(3) 设置标签的属性。在标签控件的"属性"窗口中,将 Caption 属性的值设为空,ForeColor 属性设为"&H000000FF&",如图 1-23 所示。再在标签控件的"属性"窗口中单击 Font 属性值右边的按钮,出现"字体"对话框,在"大小"选项栏将字号设置为"一号",如图 1-24 所示。

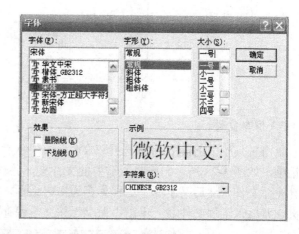

图 1-23 图 1-24

3. 程序代码编辑

双击窗体上的"请点击我"命令按钮控件，弹出 Form1 的代码编辑器窗口，在代码编辑器窗口中添加代码：Label1.caption="这是我用 VB 设计的第一个应用程序"，如图 1-25 所示。

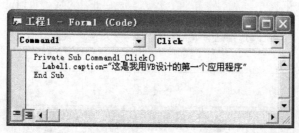

图 1-25

4. 运行程序

在工具栏中单击 ▶ 启动按钮，如图 1-26 所示，或选择"运行"→"启动"菜单命令，都可以运行程序。

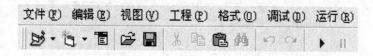

图 1-26

本案例运行后的界面如图 1-27 所示。单击"请点击我"按钮，标签控件显示文字"这是我用 VB 设计的第一个应用程序"，如图 1-1 所示。

图 1-27

5. 保存文件

单击工具栏中的 图标或选择"文件"→"保存工程"菜单命令,弹出"文件另存为"对话框,如图 1-28 所示。选择所需要的文件夹,并输入窗体文件名,单击"保存"按钮,保存窗体文件。然后又出现"工程另存为"对话框,如图 1-29 所示,同样选择所需要的文件夹,并输入工程文件名,单击"保存"按钮,保存工程文件。

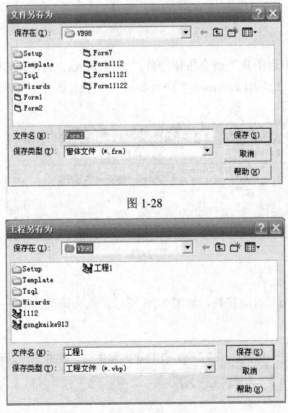

图 1-28

图 1-29

6. 编译生成可执行文件

在集成开发环境中,调试完成后,用户可以编译生成可执行文件,编译后的可执行文件可以脱离集成开发环境,在 Windows 中运行。

生成可执行文件的方法是：选择"文件"菜单中的"生成工程 1.exe"命令，屏幕上将出现如图 1-30 所示的"生成工程"对话框，按下"确定"按钮，即可按照对话框中显示的路径和文件名生成可执行文件。

图 1-30

7. 案例链接

Visual Basic 6.0 应用程序主要有 4 种类型的文件。第一类是单独的窗体文件，扩展名为.frm；第二类是公用的标准模块文件，扩展名为.bas；第三类是模块文件，扩展名为.cls；第四类是工程文件，这种文件由若干个窗体和模块组成，扩展名为.vbp。除上述 4 类文件外，还有其他一些文件类型，例如工程组文件(.vbp)、资源文件(.rc)等。

四、探索与思考

把窗体的标题和命令按钮的标题分别修改成"一个简单的应用程序"、"这是什么？"。

五、学生自主设计——请点击我

1. 设计要求

1) 基本部分——模仿

设计一个应用程序，运行界面如图 1-31 所示，点击命令按钮"请点击我"后，出现如图 1-32 所示的界面。

图 1-31
图 1-32

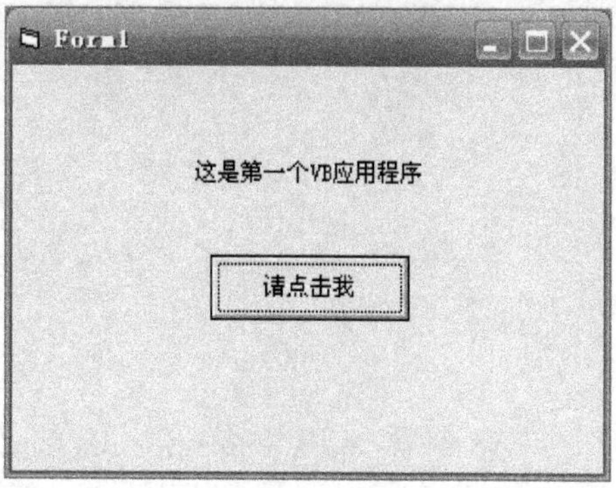

2) 拓展部分——创意设计

在按下"请点击我"后，除了在窗体上显示"这是第一个 VB 应用程序"外，窗体的标题也要发生变化，试试看。

2．知识准备

要完成自主设计内容，需掌握以下知识：

(1) 标签的 Caption 属性的修改。

(2) 命令按钮的 Caption 属性的修改。

(3) 简单代码的编写。

3．效果评价标准

请对照表 1-1 完成自主设计的效果评价。

表 1-1　效果评价表

序号	评价内容	分值	自评	互评	师评
1	界面布局合理，整齐美观	20 分			
2	语句完整，语法正确，书写规范、美观	20 分			
3	程序中应有适量的注释语句，便于他人阅读程序	20 分			
4	能实现规定的功能，无异常情况	20 分			
5	加入自己的思考和拓展	20 分			
合　计		100 分			

4．设计小结

请将你的设计过程、设计体会、在设计过程中遇到的问题以及解决方法写在下面。

_____

_____

_____

_____

【案例 1-2】 Visual Basic 6.0 的安装

一、案例效果

Visual Basic 6.0 的安装步骤如下：

(1) 插入 Visual Basic 6.0 光盘后，系统自动启动安装程序并显示"安装向导"对话框，如图 1-33 所示。

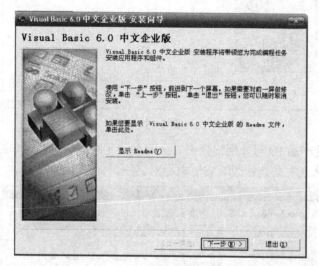

图 1-33

(2) 单击"下一步"按钮，显示"最终用户许可协议"对话框，如图 1-34 所示。

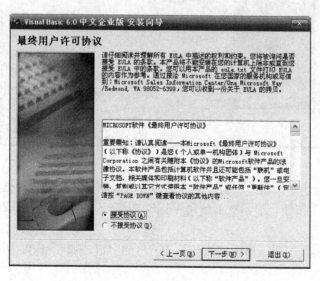

图 1-34

(3) 选择"接受协议"单选按钮后单击"下一步"按钮，将显示"产品号和用户 ID"对话框，如图 1-35 所示。

图 1-35

(4) 输入正确的产品 ID 号、用户姓名、公司名称等注册信息后，单击"下一步"按钮，显示"Visual Basic 6.0 中文企业版"安装向导对话框，如图 1-36 所示。

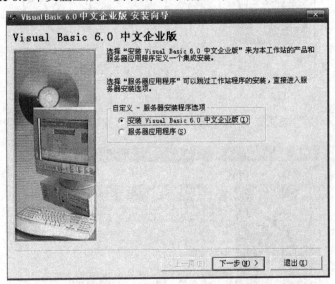

图 1-36

(5) 单击"下一步"按钮，在出现的"选择公用安装文件夹"对话框中选择合适的文件夹，单击"下一步"按钮，显示欢迎使用 Visual Basic 6.0 中文企业版安装程序窗口，如图 1-37 所示。

(6) 单击"继续"按钮，出现确认产品 ID 号的窗口，如图 1-38 所示，单击"确定"按钮。

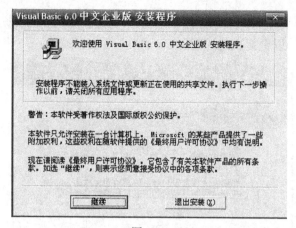

图 1-37

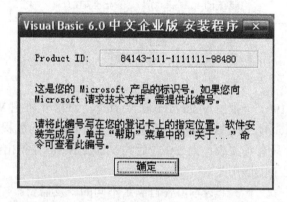

图 1-38

(7) 如图 1-39 所示，在选择安装类型窗口中，安装的缺省路径为 "C:\Program Files\Microsoft Visual Studio\VB98"。如果要自定义文件夹，则单击"更改文件夹"按钮后选定文件夹，然后单击"典型安装"左边的图标，确定好所需格式，系统开始安装 Visual Basic 6.0应用组件。

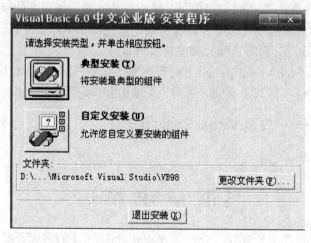

图 1-39

(8) 安装程序安装完毕时，显示如图 1-40 所示的重新启动 Windows 窗口。单击"重新启动 Windows"按钮，以更新系统的配置。

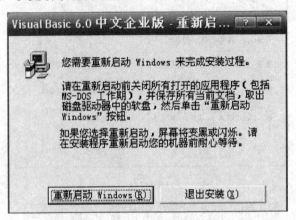

图 1-40

二、技术分析

Microsoft 公司于 1991 年推出 Visual Basic 1.0 版本，1998 年推出 Visual Basic 6.0 版本。随着版本的改进，Visual Basic 已逐渐成为简单易学、功能强大的编程工具。从 1.0 版本到 4.0 版本，Visual Basic 只有英文版；而 5.0 之后的 Visual Basic 在推出英文版的同时，又推出了中文版，大大方便了中国用户。

Visual Basic 6.0 共有以下 3 个版本，各自满足不同的开发需要。

(1) Visual Basic 6.0 学习版：这是一个入门版本，主要面向初学编程人员。该版本包含所有的内部控件(标准控件)、网络(Grid)控件、Tab 对象以及数据绑定控件。

(2) Visual Basic 6.0 专业版：该版本为专业的编程人员提供了一套功能完备的用于软件开发的工具。它包括学习版本的全部功能，还包括 ActiveX 控件、Internet 控件、Crystal Report Writer 报表控件。

(3) Visual Basic 6.0 企业版：可供专业编程人员开发功能强大的组内分工应用程序。该版本包括专业版本的全部功能，同时具有自动化管理器、部件管理器、数据库管理工具、Microsoft Visual Sourcesafe 面向工程版的控制系统等。

根据安装版本的不同，Visual Basic 6.0 的程序界面也有一些变化，本书以 Visual Basic 6.0 企业版为操作环境平台，但其内容同时适用于专业版和学习版。

三、学生自主设计——安装 Visual Basic 6.0

学习安装 Visual Basic 6.0。

【本 章 小 结】

本章通过几个简单的案例制作，介绍了 Visual Basic 6.0 的集成开发环境、安装以及应用程序的设计步骤。学好本章对后面章节的学习有很大的帮助。

第2章　面向对象的程序设计基础

用 Visual Basic 创建一个应用程序，第一步要做的工作就是创建界面。界面是用户与应用程序进行交互操作的可视部分。窗体和控件是界面的重要组成部分，也是创建应用程序所使用的对象。

控件是包括在窗体内的对象。每种控件都拥有一套属性、方法和事件，以适用于特定的目的。有些控件适合在应用程序中输入或显示文本；另一些控件能访问其他应用程序并处理数据，就像其他应用程序是用户自己的代码一样。

学习目标：

(1) 掌握窗体的常见属性。
(2) 掌握窗体的常见事件。
(3) 掌握窗体的常见方法。

【案例 2-1】 窗 体 变 化

一、案例效果

程序运行后的界面如图 2-1 所示。窗体在屏幕的中央,窗体背景是一幅图像。单击窗体中的"最小化"按钮,可使窗体最小化,如图 2-2 所示。在 Windows 的状态栏中显示程序最小化后的按钮(按钮上有最小化图标);单击"最大化"按钮,可使窗体最大化,此时窗体没有边框;单击"正常"按钮,可使窗体恢复原状,窗体有边框;单击"退出"按钮,可关闭窗体,退出程序的运行。

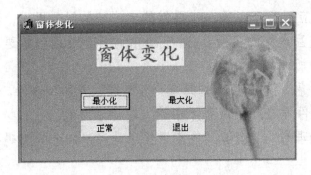

图 2-1

图 2-2

二、技术分析

1. 对象

面向对象是 Visual Basic 程序设计的基础,Visual Basic 程序的设计在很大程度上来说就是设计如何控制对象,如何通过改变对象的属性来达到程序设计的要求。

对象(Object)是 Visual Basic 应用程序的基本单元,是代码和数据的集合,用 Visual Basic 编程的实质就是用对象组装程序。

在 Visual Basic 程序设计中,整个应用程序就是一个对象,应用程序中还包含着窗体(Form)、命令按钮(CommandButton)、文本框(TextBox)、菜单等对象,以及对这些对象进行操作的程序代码。

对象都具有属性(数据)和方法(作用于对象的操作)。对象的属性和方法被封装成一个整体,供程序设计者使用。

通过向对象发出的命令修改对象的属性,或使用对象的方法,就可以对对象进行操作。向对象发出的命令通过消息传送(事件驱动)来实现。

2. 属性

属性(Property)用于描述对象的名称、位置、大小、颜色、字体等特性。Visual Basic 中的窗体对象具有 Caption(标题)、Name(名称)、Width(宽度)、Height(高度)、Font(字体)等属性，这些属性决定了 Visual Basic 窗体对象的相应内容。

可以通过改变对象的属性值来改变对象的属性特性。对象属性的设置有两种方法，一种是在程序设计时使用"属性"窗口修改其属性值，另一种是在程序中使用代码，在程序运行时改变属性值。

有的属性必须通过编写的代码在运行程序时进行设置；有的属性必须使用"属性"窗口在程序设计时完成设置；有的属性既可在程序设计时通过"属性"窗口修改其属性值，又可在程序运行中通过程序代码来设置。可以在运行程序时读取和设置值的属性称为可读写属性，例如对象的高度(Height)、背景颜色(BackColor)、文字(Text)等属性，既可以在程序设计时指定，又可以在程序中以代码方式改变。只能在程序设计时进行设置，而在程序运行时只能读取的属性称为只读属性，例如对象的名称(Name)，只能在程序设计时设置，在运行中只能引用而不能改变。

在程序中使用代码进行属性设置的语句格式如下：

Object.属性=属性值

这里的 Object 指的是需要改变属性的对象，符号"."用于引用该对象的属性、方法等。例如：

Form1.Caption="学习 Visual Basic 语言"

Form1.Height=1000

语句中的 Form1 即为一个名称为 Form1 的窗体对象，Caption 为窗体的标题属性，Height 为窗体的高度属性。因此，执行上述语句后，窗体的标题将被设置为"学习 Visual Basic 语言"，高度被设置为 1000。

窗体是一个最基本的对象，其他控件对象的使用与窗体多有相似之处，因此学习好窗体的使用是学习 Visual Basic 6.0 的基础。

以下是窗体的常用属性：

(1) Name 属性，窗体的名字，在编写代码时通过窗体的名称来标识这个对象。本节案例中的窗体名字均为 Form1。

(2) Caption 属性，窗体的标题。本案例中窗体的标题为"窗体变化"。

(3) Appearance 属性，窗体的外观效果，取值为 0(平面)或 1(立体)。

(4) BackColor 属性，窗体的背景颜色，可在弹出的调色板中选择。

(5) ForeColor 属性，窗体的前景颜色，可在弹出的调色板中选择。

(6) BorderStyle 属性，窗体的边界类型，取值为 0~5，可从弹出的下拉列表中选择。

(7) ControlBox 属性，窗体是否有控制框，取值为 True 或 False。

(8) Font 属性，通过弹出的对话框选择窗体上输出字符的字体、大小和风格。

(9) Height 属性，窗体的高度。

(10) Width 属性，窗体的宽度。

(11) Left 属性，窗体距左边界的距离。

(12) Top 属性，窗体距顶部边界的距离。

(13) MaxButton 属性，窗体右上角最大化按钮是否显示，取值为 True 或 False，运行时为只读。

(14) MinButton 属性，窗体右上角最小化按钮是否显示，取值为 True 或 False，运行时为只读。

(15) Picture 属性，窗体背景图片。

(16) FontName 属性，窗体输出文字的字体。

(17) FontSize 属性，窗体输出文字的大小。

(18) FontItalic 属性，窗体输出文字是否设置为斜体。

(19) FontBold 属性，窗体输出文字是否设置为粗体。

(20) FontUnderline 属性，窗体输出文字是否带下划线。

(21) WindowsState，设置和获取窗体对象的可视状态。如该属性值为 0 或 Normal，窗体以正常状态显示，此值为默认值；如该属性值为 1 或 vbMinimized，窗体以最小化显示，显示为一个图标；如该属性值为 2 或 vbMaximized，窗体以最大化显示，窗体放大到最大尺寸。

(22) StartUpPosition，设置窗体首次显示时所处的位置，其值是一个整数。当值为 0 时，手动指定取值，窗体初次显示时其位置由 Left 和 Top 属性的值确定；当值为 1 时，窗体处于所隶属对象的中间；当值为 2 时，窗体显示位置为屏幕中间；当值为 3 时，窗体显示位置为屏幕左上角。

三、操作步骤

1．创建程序界面

首先，创建一个"标准 EXE"工程，然后为窗体 Form1 添加有关对象，如图 2-3 所示。

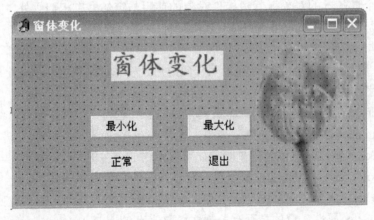

图 2-3

2．设置对象的属性

本案例中共用到 6 个对象：窗体的名称为 Form1，标签的名称为 Label1，4 个按钮的名称分别是 Command1、Command2、Command3 和 Command4。按表 2-1 所示设置各对象的属性值。

表 2-1 设置对象的属性值

对　象	对象名称	属　性	属　性　值
窗体	Form1	Caption	窗体变化
		Picture	导入一幅图像作为背景
		Icon	导入一幅图像作为图标
		StartUpPosition	2—屏幕中间
标签	Label1	Caption	窗体变化
		BackColor	黄色
		ForeColor	红色
		Font	字号为小五号，字形为粗体
按钮	Command1	Caption	最小化
	Command2	Caption	最大化
	Command3	Caption	正常
	Command4	Caption	退出

3. 程序代码编辑

在程序代码窗口中输入下面的代码：

```
Private Sub Command1_Click()
    Form1.WindowState = vbMinimized        '最小化
End Sub


Private Sub Command2_Click()
    Form1.WindowState = vbMaximized        '最大化
End Sub


Private Sub Command3_Click()
    Form1.WindowState = Normal             '正常
End Sub


Private Sub Command4_Click()
    End                                    '退出
End Sub
```

4. 程序代码调试

在程序代码窗口中输入程序代码后，完成程序代码的调试和修改。

四、探索与思考

(1) 当点击不同的命令按钮时，窗体的标题也要跟着变化，如点击"正常"命令按钮时，窗体标题变为"窗体大小为正常大小"。

(2) 当点击不同的命令按钮时，窗体的背景和窗体上的文字也会跟着发生变化。

五、学生自主设计——窗体属性的变化

1. 设计要求

1) 基本部分——模仿

设计一个窗体，窗体上有 4 个命令按钮，名称分别为 Command1、Command2、Command3 和 Command4，它们对应的 Caption 属性值分别是字体、背景、恢复原状和关闭窗口，程序运行后出现如图 2-4 所示窗体，单击"字体"命令按钮又出现如图 2-5 所示窗体。

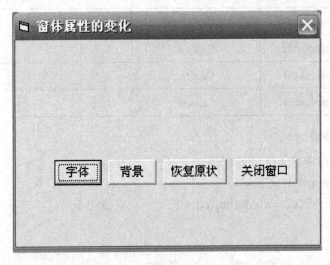

图 2-4

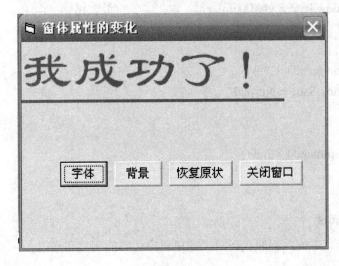

图 2-5

要求单击"背景"命令按钮时，改变窗体的背景颜色；单击"恢复原状"命令按钮时，窗体的颜色恢复为设计窗体时默认的背景颜色；单击"关闭"按钮时，关闭窗体。请完成代码的编写。

2) 拓展部分——创意设计

在窗体上再增加相关的命令按钮，使得所增加的命令按钮对应窗体中的其他属性，试试看。

2. 知识准备

要完成自主设计内容，需掌握以下知识：

(1) 窗体的属性。

(2) 命令按钮的属性设置。

(3) 简单代码的编写。

3. 效果评价标准

请对照表 2-2 完成自主设计的效果评价。

表 2-2 效 果 评 价 表

序号	评 价 内 容	分值	自评	互评	师评
1	界面布局合理，整齐美观	20 分			
2	语句完整，语法正确，书写规范、美观	20 分			
3	程序中应有适量的注释语句，便于他人阅读程序	20 分			
4	能实现规定的功能，无异常情况	20 分			
5	加入自己的思考和拓展	20 分			
	合　　计	100 分			

4. 设计小结

请将你的设计过程、设计体会、在设计过程中遇到的问题以及解决方法写在下面。

_____

_____

_____

_____

【案例 2-2】 窗体的几种事件

一、案例效果

本程序实现的功能是当不同动作发生时，程序响应不同的事件。在这个程序中可以响应的事件有：窗口大小改变(Resize)事件，键盘按键被按下(KeyPress)事件，鼠标在窗体上单击(Click)事件和窗体被卸载(UnLoad)事件。

程序运行效果如图 2-6～图 2-9 所示。

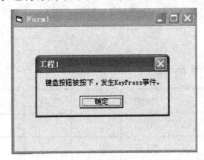

图 2-6

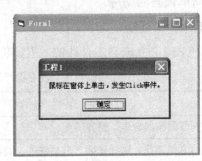

图 2-7

图 2-8

图 2-9

二、技术分析

1. 事件

Visual Basic 6.0 中的事件是指由系统事先设定的，能为对象识别和响应的动作。或者说，事件是在对象上发生的一件事，如单击、拖曳、按键等。每一种对象能识别的事件是不同的，在设计阶段，可以从该对象代码窗口右边的下拉列表中确认其所能识别的事件。以下是窗体的常用事件。

(1) Load，窗体被加载。

(2) Active，窗体变为活动窗口。

(3) Click，在窗体上单击鼠标。

(4) DblClick，在窗体上双击鼠标。

(5) KeyDown，按下键盘上某个键。

(6) KeyPress，敲击键盘。

(7) KeyUp，按下键盘上某个键后释放。

(8) MouseDown，按下鼠标键。

(9) MouseUP，释放鼠标键。

(10) MouseMove，鼠标移动。

(11) Resize，改变窗体尺寸。

(12) Unload，关闭(卸载)窗体。

2．MsgBox 的应用

关于 MsgBox 函数和过程的应用，具体可以参见本书第 5 章【案例 5-1】的技术分析的第 4 条。

三、操作步骤

1．创建程序界面

启动中文 Visual Basic 6.0，选择"标准 EXE"工程，进入中文 Visual Basic 6.0 的集成开发环境，如图 2-10 所示。

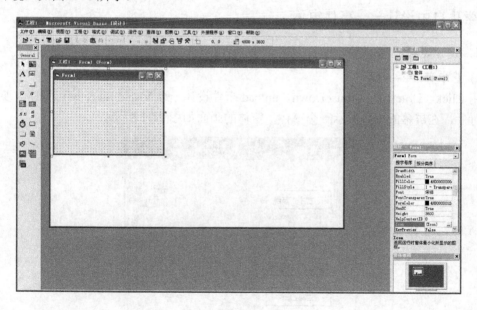

图 2-10

2．设置对象的属性

该案例中只有一个窗体对象，重点学习使用窗体的事件，所以属性采用默认设置即可。

3．程序代码编辑

在窗体上双击，打开代码编辑器窗口，在该窗口右边的过程下拉列表中选择相应的事件，并输入以下代码：

```
Private Sub Form_Click()
    MsgBox "鼠标在窗体上单击，发生 Click 事件。"
End Sub
Private Sub Form_KeyPress(KeyAscii As Integer)
    MsgBox "键盘按钮被按下，发生 KeyPress 事件。"
End Sub
Private Sub Form_Resize()
    MsgBox "窗体大小被改变，发生 Resize 事件。"
End Sub
Private Sub Form_Unload(Cancel As Integer)
    MsgBox "窗体被卸载，发生 UnLoad 事件。"
End Sub
```

4．程序代码调试

输入程序代码后，完成程序代码的调试和修改。

四、探索与思考

改变每个事件的响应方式，或者增加相应的内容。

五、学生自主设计——事件窗体

1．设计要求

1）基本部分——模仿

用 Click、Dblclick、MouseDown、unload 事件设计一个 Visual Basic 应用程序。要求程序运行后，在屏幕的中央显示一个窗体，窗体的画面如图 2-11 所示。

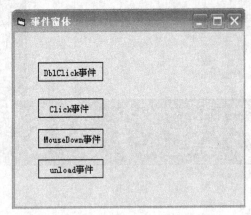

图 2-11

2）拓展部分——创意设计

请给每个事件设计一个响应，试试看。

2．知识准备

要完成自主设计内容，需要掌握以下知识。

(1) 窗体的属性设置。

(2) 窗体的常用事件。

(3) 简单代码的编写。

3．效果评价标准

请对照表 2-3 完成自主设计的效果评价。

表 2-3　效果评价表

序号	评价内容	分值	自评	互评	师评
1	界面布局合理，整齐美观	20 分			
2	语句完整，语法正确，书写规范、美观	20 分			
3	程序中应有适量的注释语句，便于他人阅读程序	20 分			
4	能实现规定的功能，无异常情况	20 分			
5	加入自己的思考和拓展	20 分			
合　　计		100 分			

4．设计小结

请将你的设计过程、设计体会、在设计过程中遇到的问题以及解决方法写在下面。

_____

_____

_____

_____

【案例 2-3】 几何图形的面积计算

一、案例效果

本案例可以帮助我们完成简单几何图形的面积计算，程序效果如图 2-12 所示。程序运行后首先显示图 2-12 所示画面，然后单击窗体中的各个图形按钮，即可进入对应图形的面积计算窗口，输入相应的数据之后，再点击"计算"按钮，就可以输出该图形的面积。图 2-13～图 2-16 分别为三角形、圆形、矩形和平行四边形的面积计算窗口。

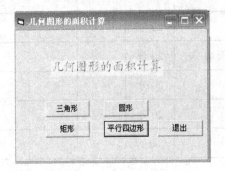

图 2-12　　　　　　　　　　　　　　　　图 2-13

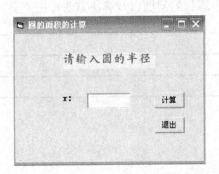

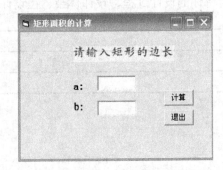

图 2-14　　　　　　　　　　　　　　　　图 2-15

图 2-16

二、技术分析

1. 方法

方法是指控件的动作，实质是 Visual Basic 6.0 提供的一种专门用来完成一定操作的子程序或函数。下面是常用的窗体的方法。

(1) Print，在窗体上显示文字，也可以在打印机上输出。

格式：窗体名.Print

例如使用代码 Form1.Print "Visual Basic 程序设计"可在窗体上显示文字"Visual Basic 程序设计"。

(2) Cls，清除由其他方法在窗体中显示的文本和图形。

格式：窗体名.Cls

(3) Hide，隐去窗体。

格式：窗体名.Hide

(4) Show，显示窗体。

格式：窗体名.Show

(5) Move，使对象移动，同时也可以改变被移动对象的尺寸。

格式：窗体名.Move Left,Top,Width,Height

其中，Left 是指窗体距屏幕左边界的距离，Top 是指窗体距离屏幕顶部的距离，Width 是指窗体改变后的宽度，Height 是指窗体改变后的高度。例如将窗体移到屏幕左上角，并最大化显示，实现语句为

Form1.Move 0,0,Screen.Width,Screen.Height

2. Val(C)函数

说明：具体参见第 5 章案例 5-1 的技术分析第 6 条中有关 VB 标准函数。

三、操作步骤

1. 创建几何图形面积计算主界面

新建一个"标准 EXE"工程，按照图 2-17 所示在 Form1 窗体上添加 1 个标签控件和 5 个命令按钮控件，并按表 2-4 设置各对象属性。

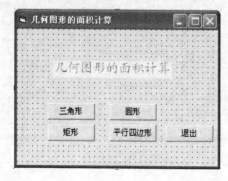

图 2-17

表 2-4　设置对象属性(一)

对　　象	对象名称	属　　性	属　性　值
窗体	Form1	Caption	几何图形的面积计算
标签	Label1	Caption	几何图形的面积计算
		BackColor	黄色
		ForeColor	红色
		Font	楷体、加粗、四号
按钮	Command1	Caption	三角形
	Command2	Caption	矩形
	Command3	Caption	平行四边形
	Command4	Caption	圆形
	Command5	Caption	退出

2．创建三角形面积计算界面

使用添加新窗体的方法为程序添加一个新窗体 Form2，按照图 2-18 所示在该窗体上添加 4 个标签控件、3 个文本框控件和 2 个命令按钮控件，并按表 2-5 设置对象属性。

图 2-18

表 2-5　设置对象属性(二)

对　象	对象名称	属　性	属　性　值
窗体	Form2	Caption	三角形面积的计算
标签	Label1	Caption	请输入三角形三边之长
		BackColor	黄色
		ForeColor	红色
		Font	楷体、加粗、四号
	Label2	Caption	a:
	Label3	Caption	b:
	Label4	Caption	c:
按钮	Command1	Caption	计算
	Command2	Caption	退出
文本框	Text1	Text	为空
	Text2	Text	为空
	Text3	Text	为空

3. 创建矩形面积计算界面

使用添加新窗体的方法为程序添加一个新窗体 Form3，按照图 2-19 所示在该窗体上添加 3 个标签控件、2 个文本框控件和 2 个命令按钮控件，并按表 2-6 设置对象属性。

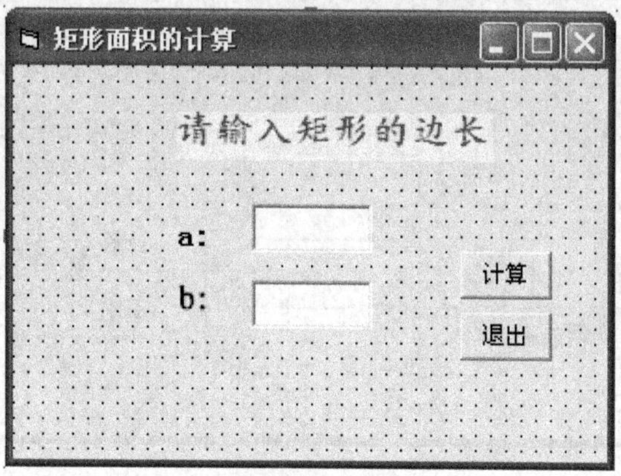

图 2-19

表 2-6　设置对象属性(三)

对　象	对象名称	属　性	属 性 值
窗体	Form3	Caption	矩形面积的计算
标签	Label1	Caption	请输入矩形的边长
		BackColor	黄色
		ForeColor	红色
		Font	楷体、加粗、四号
	Label2	Caption	a:
	Label3	Caption	b:
按钮	Command1	Caption	计算
	Command2	Caption	退出
文本框	Text1	Text	为空
	Text2	Text	为空

4．创建平行四边形面积计算界面

使用添加新窗体的方法为程序添加一个新窗体 Form4，按照图 2-20 所示在该窗体上添加 4 个标签控件、3 个文本框控件和 2 个命令按钮控件，并按表 2-7 设置对象属性。

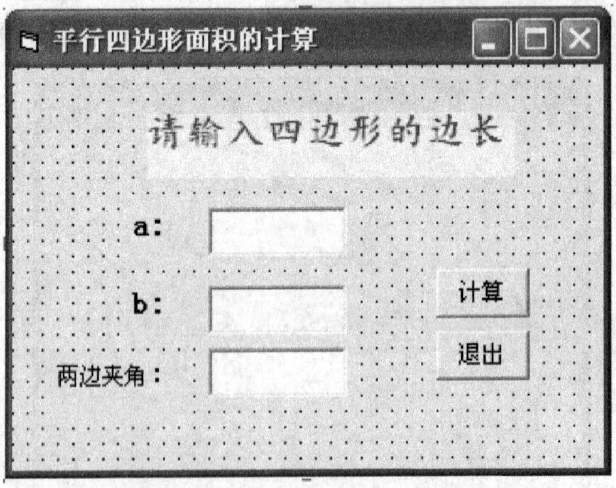

图 2-20

表 2-7　设置对象属性(四)

对象	对象名称	属　性	属　性　值
窗体	Form4	Caption	平行四边形面积的计算
标签	Label1	Caption	请输入四边形的边长
		BackColor	黄色
		ForeColor	红色
		Font	楷体、加粗、四号
	Label2	Caption	a:
	Label3	Caption	b:
	Label4	Caption	两边夹角:
按钮	Command1	Caption	计算
	Command2	Caption	退出
文本框	Text1	Text	为空
	Text2	Text	为空
	Text3	Text	为空

5. 创建圆形面积计算界面

使用添加新窗体的方法为程序添加一个新窗体 Form5, 按照图 2-21 所示在该窗体上添加 2 个标签控件、1 个文本框控件和 2 个命令按钮控件, 并按表 2-8 设置对象属性。

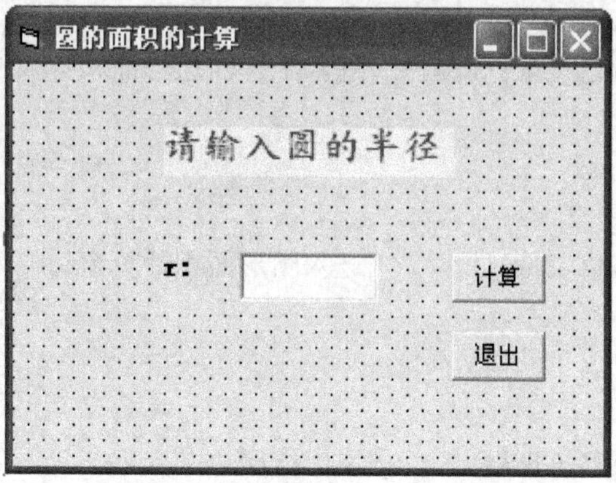

图 2-21

表 2-8 设置对象属性(五)

对 象	对象名称	属 性	属 性 值
窗体	Form5	Caption	圆的面积的计算
标签	Label1	Caption	请输入圆的半径
		BackColor	黄色
		ForeColor	红色
		Font	楷体、加粗、四号
	Label2	Caption	r:
按钮	Command1	Caption	计算
	Command2	Caption	退出
文本框	Text1	Text	为空

6. 程序代码编辑

在窗体的代码编辑窗口中输入以下程序代码。

为 Form1 中的 5 个命令按钮分别编写如下代码：

```
Private Sub Command1_Click()        '进入三角形面积计算窗口
    Form2.Show
End Sub


Private Sub Command2_Click()        '进入矩形面积计算窗口
    Form3.Show
End Sub


Private Sub Command3_Click()        '进入平行四边形面积计算窗口
    Form4.Show
End Sub


Private Sub Command4_Click()        '进入圆形面积计算窗口
    Form5.Show
End Sub


Private Sub Command5_Click()        '退出程序
    End
End Sub
```

为 Form5 编写如下代码：

```
Private Sub Command1_Click()          '计算并输出圆的面积
    r = Val(Text1.Text)
    s = 3.1415926 * r * r
    Form5.Print
    Form5.Print s
End Sub
```

7．程序代码调试

输入程序代码后，完成程序代码的调试和修改。

四、探索与思考

(1) 完成 Form2、Form3、Form4 中的代码的编写。

(2) 完善 Form1、Form2、Form3、Form4 和 Form5 的界面设计。

五、学生自主设计——多窗体的设计

1．设计要求

1) 基本部分——模仿

要求程序运行后，在屏幕的中央显示一个窗体，窗体的画面如图 2-22 所示。

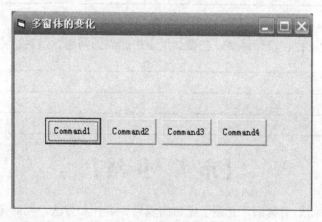

图 2-22

这个程序共有 Form1、Form2、Form3 和 Form4 4 个窗体，主窗体 Form1(多窗体的变化)上有 4 个命令按钮，名称分别为 Command1、Command2、Command3 和 Command4。点击 Command1 后弹出 Form2、Form3 和 Form4，点击 Command2 后隐藏 Form2 和 Form3，点击 Command3 后卸载 Form4，点击 Command4 后卸载 Form2 和 Form3，同时关闭 Form1。

2) 拓展部分——创意设计

把分别点击 Command1、Command2、Command3 和 Command4 后的变化用一个消息框显示出来。

提示：MsgBox 的使用具体参见第 5 章【案例 5-1】中的技术分析第 4 条。

2．知识准备

要完成自主设计内容，需要掌握以下知识：

(1) 窗体属性的设置。

(2) 命令按钮的有关属性的设置。

(3) 窗体方法和事件的应用。

3．效果评价标准

请对照表 2-9 所示的评价标准完成自主设计的效果评价。

表 2-9　效 果 评 价 表

序号	评 价 内 容	分值	自评	互评	师评
1	界面布局合理，整齐美观	20 分			
2	语句完整，语法正确，书写规范、美观	20 分			
3	程序中应有适量的注释语句，便于他人阅读程序	20 分			
4	能实现规定的功能，无异常情况	20 分			
5	加入自己的思考和拓展	20 分			
合　计		100 分			

4．设计小结

请将你的设计过程、设计体会、在设计过程中遇到的问题以及解决方法写在下面。

_____

_____

_____

【本 章 小 结】

本章通过几个简单的案例，介绍了窗体的属性、事件和方法，同时还引入了对象等概念，为学习设计界面和程序编写打下了基础。

第 3 章 Visual Basic 6.0 语言基础

Visual Basic 语言继承了基本 BASIC 语言简单、易学、易用的特点；Visual Basic 语言编辑器具有智能、可视、易操作的特点，Visual Basic 语言程序设计思想具有面向对象的程序设计的特点，Visual Basic 开发环境具有提供多种运行模式的特点。在进行 VB 程序设计时，要充分利用这些特点。

学习目标：

(1) 理解并掌握 Visual Basic 的基本数据类型。
(2) 理解并掌握常量和变量的使用。
(3) 各种数据类型的声明。
(4) 掌握 Visual Basic 的运算符和表达式。
(5) 掌握 Visual Basic 的常用标准函数。

【案例 3-1】 算术四则运算器

一、案例效果

本案例是一个可以进行四则算术运算的程序，程序运行效果如图 3-1 所示，对输入文本框的数据可以进行加、减、乘、除等数学运算。

图 3-1

二、技术分析

1. 数据的类型

数据类型决定了具有这种类型的常量、变量、字符串、数组等数据对象的存储形式、取值范围及能进行的运算。

Visual Basic 的数据类型可分为标准数据类型和用户自定义数据类型两大类。标准数据类型又称为基本数据类型，它是由 Visual Basic 直接提供给用户的数据类型，用户不用定义就可以直接使用；用户自定义数据类型是由用户在程序中以标准数据类型为基础，并按照一定的语法规则创建的数据类型，它必须先定义，然后才能在程序中使用。

Visual Basic 6.0 的标准数据类型见表 3-1。

表 3-1 Visual Basic 6.0 的标准数据类型

类型名	标识符号	字节数	取值范围
Byte(字节型)	(无)	1	0～255
Boolean(逻辑型)	(无)	1	True 与 False
Integer(整型)	%	2	−32 768～32 767
Long(长整型)	&	4	−2 147 483 648～2 147 483 647
String(字符串型)	$	每字符 1	0～65 535 个字符
Date(日期型)	(无)	8	01/01/100～12/31/9999
Currency(货币型)	@	8	−9.22E+14～9.22E+14
Single(单精度浮点型)	!	4	±1.40E−45～±3.40E38
Double(双精度浮点型)	#	8	±4.97D−324～±1.79D308
Variant(变体型)	(无)	上述之一	上述之一

上述基本数据类型中，Byte、Integer、Long、Single、Double 和 Currency 等 6 种都是用来保存数值的数据类型，使用时应根据需要选择适当的数据类型，以节约存储空间和提高程序运行速度。

若用户事先知道要保存的数据为整型，则应将变量声明为 Integer(整型)或 Long(长整型)。整型的运算速度较快，而且比其他数据类型占用的内存要少。

若变量要保存的数据包含小数，则将其声明为 Single(单精度浮点型)、Double(双精度浮点型)或 Currency(货币型)。其中 Currency 类型支持小数点右边 4 位和小数点左边 15 位的精度，适用于货币的精确计算。Single 类型和 Double 类型比 Currency 类型的有效范围大得多，但在进位时易产生小的误差，故不适合于货币的精确计算。单精度浮点数的运算速度优于双精度浮点数。

如果变量要保存的是二进制数，则可将它声明为 Byte 类型的数据来保存。该类型的变量不能表达负数。

所有数值型变量均可相互赋值。在将浮点数赋予整数之前，Visual Basic 要将浮点数的小数部分四舍五入。

2. 常量与变量

在 Visual Basic 中进行运算的对象有两大类：常量与变量。

1) 常量

常量是在程序运行过程中，其值保持不变的量，如数值、字符串等。

在 Visual Basic 中，常量可分为直接常量和符号常量。

直接常量就是在程序中，以直接明显的形式给出数据本身的数值。根据常量的数据类型，直接常量有数值常量、字符串常量、逻辑常量和日期常量，如：12、12.89、"中文 Visual Basic 6.0"、False、#1999-10-23 3:10:25#等。

符号常量就是用一串字符来代替一个常数。在程序中凡是需要用到这个常数的地方，都可以用这个符号来代替。符号常量又可分为系统定义的符号常量和自定义符号常量。

系统定义的符号常量是 Visual Basic 系统提供的预定义常量，这些常量可与对象、属性和方法一起在应用程序中使用。

例如：窗体对象的 WindowsState 属性可接受的系统定义符号常量有 vbNormal(正常)、vbMinimized(最小化)和 vbMaximized(最大化)。

自定义符号常量是由程序设计人员按照规定的语法规则在编写程序时命名的。它必须先定义，然后才能在程序的代码中使用。

在定义自定义符号常量时，常量的名称最好应具有一定的含义，以便于理解和记忆。

自定义符号常量的定义格式如下：

[Public|Private] Const 常量名 [数据类型符 | As 数据类型关键字]=表达式

其中，Const 为必须的定义关键字，说明该符号为常量；"=表达式"部分也是必须的，该表达式说明了常量的取值；"[ ]"内的关键字是可选的，Public 表示该常量为公用常量，Private 表示该常量为私有常量，"|"符号表示其左右的关键字可任选其一。

例如：编程求一个半径为 5 的圆的周长和面积，就需要用 π 这个常数，而计算机并不知道 π 的值是多少，如果写成

```
        A=2*3.141592*5
        B=3.141592*5*5
```
就需要重复地输入 3.14159 这个数，既费事又很容易出错。于是我们就用一个符号 pai 来代替 3.14159，在程序中凡是用到 3.14159 的地方，都用 pai 来代替。例如：

```
    Private   Sub   Form_Activate( )
        Const   pai   as   Single=3.14159
        A=2*pai*5
        B=pai*5*5
        Print   A
        Print   B
    End Sub
```

2) 变量

变量是在程序执行过程中其值可以变化的量。在应用程序的执行过程中，变量用来存储程序执行中的临时数据。变量随程序调入内存，并被分配一定的存储空间。所以，在使用变量之前，要考虑变量的名称和数据类型，即声明变量。

Visual Basic 语言中，提供了两种声明变量的方法。

(1) Dim 语句显式声明变量。

格式如下：

Dim 变量名 [As [New] 变量数据类型]

变量数据类型可以是标准数据类型，也可以是用户自定义类型或一个对象类型，如果变量没有规定类型，则使用其默认值 Variant，这说明变量可以用作任意类型。

例如：

```
Dim   n   As   Integer
Dim   str   As   String
Dim   str   As   String*30
```

在一行中，可声明多个变量，正确的语法格式是用逗号将各变量分隔。

例如：

```
Dim   x  As  Integer，y  As  String, z  As  Double
Dim   m1  As  Integer，m2  As  Integer，m3  As  Integer
```

前句变量的数据类型不同，后句变量的数据类型相同，都需要用逗号分开，不能合写。例如，第二句不能写成：

```
Dim   m1,m2,m3   As   Integer
```

这行语句表示 m1 和 m2 是变体数据，m3 是整型数据。因此，这行语句与上面的语句不是等同的，不能表达原设计的用意。

New 关键字可以创建一个对象。例如声明对象变量，加 New 选择项指定一个指向对象的对象句柄即可创建该对象。

例如：

```
Dim a_object   As   New   form              '声明 a_object 为窗体对象
```

变量名用标识符代表的，按照标识符规则命名。

如果 Dim 声明的是局部变量，还可以用下面的语句声明变量的作用域：

Public，全局变量关键字，全局变量在模块中声明，但不能用于过程。

Private，局部变量关键字，局部变量在模块和窗体中声明，同样不能在过程中使用。

Static，静态数组变量关键字，用于声明维数不变的静态数组变量或具有记忆功能的一般变量。

ReDim，动态数组变量关键字，声明的数组维数可变，需要重新分配内存空间。

Type，声明用户自定义类型。

Dim 语句声明有以下特定的位置：

① 窗体模块的声明区。

② 标准模块的声明区。

③ 在事件过程中的开始位置。

④ 在一般过程中的开始位置。

在这些位置中，用 Dim 语句声明的变量，称为强制显式变量声明。

(2) 隐式声明和 Option Explicit 显式声明。

使用变量时，Visual Basic 不要求对所有变量事先声明，不加声明的变量系统默认为变体类型。对应于强制显式声明，在程序中不经声明而使用变量称作变量的隐式声明。隐式声明使用起来比较随意，但也会带来一些麻烦。例如，误拼一个变量名就会被隐式声明为另一个新变量，由此会产生问题。因此，建议对所有变量作显式声明。使用 Option Explicit 语句对普通对象进行的变量声明，必须写在模块中所有过程之前。

如果模块中使用了 Option Explicit，则必须使用 Dim、Private、Public、ReDim 或 Static 来显式声明所有的变量。这时，如果使用了未声明的变量名，在编译时会出现错误。

如果没有使用 Option Explicit 语句，除非使用 Deftype 语句指定了缺省类型，否则所有未声明的变量都是隐含为 Variant 类型的。

三、操作步骤

1．创建程序界面

新建一个"标准 EXE"工程，并在窗体中添加 6 个文本框、4 个命令按钮和 2 个标签控件，按图 3-2 所示进行设置。

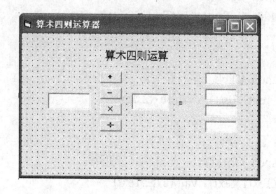

图 3-2

2．设置对象的属性

请按表 3-2 所示设置各对象的属性值。

表 3-2 设置对象属性

对 象	对象名称	属 性	属 性 值
窗体	Form1	Caption	算术四则运算器
标签	Label1	Caption	算术四则运算
	Label2	Caption	=
按钮	Command1	Caption	⊕
	Command2	Caption	⊖
	Command3	Caption	×
	Command4	Caption	÷
文本框	Text1	Text	为空
	Text2	Text	为空
	Text3	Text	为空
	Text4	Text	为空
	Text5	Text	为空
	Text6	Text	为空

3．程序代码编辑

在程序代码窗口中输入下面的代码：

```
Private Sub Command1_Click()          '加法
    Text3.Text = Val(Text1.Text) + Val(Text2.Text)
End Sub

Private Sub Command2_Click()          '减法
    Text4.Text = Val(Text1.Text)－Val(Text2.Text)
End Sub

Private Sub Command3_Click()          '乘法
    Text5.Text = Val(Text1.Text) * Val(Text2.Text)
End Sub

Private Sub Command4_Click()          '除法
    Text6.Text = Val(Text1.Text) / Val(Text2.Text)
End Sub
```

```
Private Sub Form_Load()
    Text1.Text = ""
    Text2.Text = ""
    Text3.Text = ""
    Text4.Text = ""
    Text5.Text = ""
    Text6.Text = ""
End Sub
```

4. 程序代码调试

输入程序代码后，完成程序代码的调试和修改。

四、探索与思考

(1) 添加求余运算。
(2) 考虑除数是零的情况。

五、学生自主设计——商品价格折算

1. 设计要求

1) 基本部分——模仿

要求程序运行后，在屏幕的中央显示一个窗体，窗体的画面参考图 3-3 所示，可以根据给出的商品原价和折扣标准，计算出此商品的优惠价。

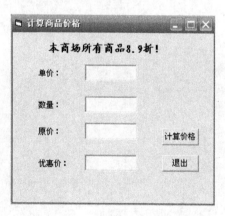

图 3-3

2) 拓展部分——创意设计

设计程序，显示所有商品的价格以及在窗体上加上日期和时间，试试看。

2. 知识准备

要完成自主设计，需掌握以下知识：
(1) 标签、命令按钮、文本框等控件的使用。

(2) 算术运算符和表达式的使用(具体参见本章【案例 3-2】的技术分析)。

(3) 日期函数、字符串函数等函数的使用(具体参见本章【案例 3-2】的技术分析)。

3. 效果评价标准

请对照表 3-3 完成自主设计的效果评价。

表 3-3 效 果 评 价 表

序号	评 价 内 容	分值	自评	互评	师评
1	界面布局合理，整齐美观	20 分			
2	语句完整，语法正确，书写规范、美观	20 分			
3	程序中应有适量的注释语句，便于他人阅读程序	20 分			
4	能实现规定的功能，无异常情况	20 分			
5	加入自己的思考和拓展	20 分			
	合　　计	100 分			

4. 设计小结

请将你的设计过程、设计体会、在设计过程中遇到的问题以及解决方法写在下面。

_____

_____

_____

_____

【案例 3-2】 三角形面积的计算

一、案例效果

本案例运行界面如图 3-4 所示。根据输入的三条边的边长，判断其是否能构成一个三角形。如果能，则计算并显示该三角形的面积，如图 3-5 所示；如果不能，如图 3-6 所示，则给出相应的提示信息，如图 3-7 所示。

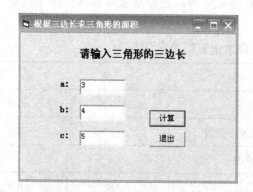

图 3-4

图 3-5

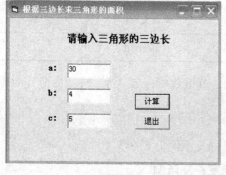

图 3-6

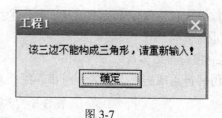

图 3-7

二、技术分析

1. 表达式

表达式是关键字、运算符、变量、常量、数组元素及对象的组合，用于数学运算、操作字符或测试数据。

例如：变量 x 的值为 2，y 的值为 8，则计算平均值的表达式为

(x+y)/2

其中 x、y 为变量，2 为常量，+和/为运算符。

再如:

   Label1.Caption="姓名"&"先生"

其中 Label1 为控件对象，Label1.Caption 为属性(变量的另一种形式)，"姓名"为"先生"字符串数据类型的属性值，&是运算符。

2. 运算符

运算符是 Visual Basic 进行某种运算功能的操作符号。Visual Basic 程序会按照运算符的含义和运算规则执行实际的运算操作。Visual Basic 中的运算符包括算术运算符、字符串运算符、比较运算符和逻辑运算符。

1) 算术运算符

算术运算符用于算术运算，参加运算的数值可以是整数或浮点数，算术运算符及示例见表 3-4。

表 3-4　算术运算符及示例

运算符	名称	说　明	示　例	结　果
+	加	求和	2.5+3.5	6.0
−	减	求差或表示负数	3.5-1.5	2.0
*	乘	求积	2*4	8
/	除	求商，返回浮点数	8.1/9	0.9
^	指数	求幂	2^3	8
\	整除	求商，返回整数部分	5.4\3	1
Mod	模	求商，返回小数部分	17 mod 3	2

算术运算符的优先顺序，从高到低的排序为：^(指数)，−(变号)，*、/(乘除)，\(整除)、Mod(取模)，+(加)，−(减)。

2) 字符串运算符

用字符组成的字串称为字符串，字符串运算符及示例见表 3-5。

表 3-5　字符串运算符及示例

运算符	说　明	示　例	结　果
+	连接两个字符串成一个字符串或对数字串求和	"THIS" + " IS"	"THIS IS"
		"234" + "32"	"23432"
&	强制连接两个字符串成一个字符串	"NUM" & "BER"	"NUMBER"

3) 比较运算符

比较运算符是比较两个数值的大小，其结果是逻辑真(Ture)和逻辑假(False)。比较运算的结果不影响原数值。比较运算符及示例见表 3-6。

表 3-6　比较运算符及示例

运算符	名　称	示　例	结　果
<	小于	5<3	False
<=	小于等于	87<=176	True
>	大于	7>8	False
>=	大于等于	6>=9	False
=	等于	32=32	True
<>	不等于	8<>6	True

4) 逻辑运算符

逻辑运算符是对两个逻辑值进行的运算，其结果是逻辑真(True)和逻辑假(False)。逻辑运算的基本运算关系是与、或、非和异或运算，等价和蕴涵运算是判断等式关系的运算。

表 3-7 所示为逻辑运算真值表。

表 3-7　逻辑运算真值表

操作数 A	操作数 B	Not A	A And B	A Or B	A Xor B	A Eqv B	A Imp B
F	F	T	F	F	F	T	T
F	T	T	F	T	T	F	T
T	F	F	F	T	T	F	F
T	T	F	T	T	F	T	T
T	N	F	N	N	N	N	N
F	N	T	F	N	N	N	T
N	T	N	N	T	N	N	T
N	F	N	F	N	N	N	N
N	N	N	N	N	N	N	N

其中：F 代表 False，T 代表 True，N 代表 Null。

表 3-8 所示为逻辑运算符的运算关系及示例。

表 3-8　逻辑运算符的运算关系及示例

运算符	运算名称	规　则	示　例	结　果
And	与	全真为真	3<2 And 3=3	False
Or	或	全假为假	7>6 Or 5<4	True
Not	非	真假交换	Not (8<>7)	False
Xor	异或	不同为真	8>5 Xor 8<=4	True
Eqv	等价	相同为真	3>1 Eqv 8>2	True
Imp	蕴涵	前蕴涵后	6>2 Imp 3>2	True

5）运算符优先顺序

在表达式中有多种运算符时，其运算优先顺序为：算术运算符、字符串运算符、比较运算符、逻辑运算符。

比较运算符按从左到右的顺序依次处理。

算术运算符的处理优先顺序为：指数、负数、乘法和除法，整除法，求模运算，加法和减法。

逻辑运算符的优先顺序为：Not、And、Or、Xor、Eqv、Imp。

乘、除法或加、减法同时存在时，按从左到右的出现顺序依次处理。可以使用括号改变运算符的优先顺序，即首先计算括号内的表达式。字符串运算符在所有算术运算符后、所有比较运算符前处理。

3．函数

1）数学函数

数学函数主要用于完成数学运算，常用数学函数见表3-9。

表 3-9　常用数学函数

函数名称	函数值意义	举　　例
Sin(x)	x 的正弦值，x 的单位为弧度	Sin(30/180*pi)的返回值是 0.5
Cos(x)	x 的余弦值，x 的单位为弧度	Cos(60/180*pi)的返回值是 0.5
Tan(x)	x 的正切值，x 的单位为弧度	Tan(45/180*pi)的返回值是 1
Atn(x)	x 的反正切值，x 的单位为弧度	Atn(45/180*pi)的返回值是 0.667
Log(x)	x 的自然对数，x>0	Log(100)/Log(10#)的返回值是 2
Exp(x)	以 e 为底的指数值，即 e^x	Exp(0)返回值是 1
Sqr(x)	参数 x 的平方根	Sqr(100)返回值是 10
Abs(x)	x 的绝对值	Abs(−56.9)的返回值是 56.9
Hex$(x),Oct$(x)	分别以字符串形式返回 x 的十六进制和八进制	Hex$(10)的返回值是 A Oct$(10)的返回值是 12
Rnd(x)	产生介于 0~1 之间的单精度随机数，x 是产生随机数的种子	Int(Rnd(x)*100)的返回值是 0~100 之间的正整数
Int(x)	求不大于 x 的最大整数	Int(23.5)的返回值是 23 Int(−23.6)的返回值是−24
Fix(x)	将 x 的小数部分截去，取其整数部分	Fix(23.6)的返回值是 23 Fix(−23.6)的返回值是−23

2）字符串函数

Visual Basic 提供了丰富的字符串处理功能。常见的字符串函数见表3-10。

表 3-10　常见的字符串函数

函　数　名　称	返回值意义
InStr([start,]string1,string2[,compare])	根据比较类型模式确定 string2 在 string1 中第一次出现的位置
InstrRev(string1,string2[,start[,compare]])	根据比较类型模式确定 string2 在 string1 中第一次出现的位置，从字符串 string1 的末尾算起
LTrim(string)	去掉字符串左边的空白字符
RTrim(string)	去掉字符串右边的空白字符
Trim(string)	去掉字符串左右两边的空白字符,若为空格,返回 NULL
Left(string,length)	取出字符串左边指定个数的字符,若个数大于或等于字符串长度，全取
Right(string,length)	取出字符串右边指定个数的字符,若个数大于或等于字符串长度，全取
Mid(string,start[,length])	取出字符串由起始位置开始的指定个数的字符,若起始位置大于字符串长度，返回 0 长度串“”;若缺省个数,则取出起始位置开始的所有字符
Len(string|varname)	计算字符串长度,若为空字符串,返回 NULL
UCase(string)	将字符串的小写字母转换为大写字母。其它字符不变
LCase(string)	将字符串的大写字母转换为小写字母。其它字符不变
Space(number)	返回指定个数的空字符串
String(number,character)	返回包含重复字符的字符串，长度由 number 指定,重复字符为 character
StrReverse(string1)	将给定的字符串逆序输出,若为空串,返回空串,若为 NULL, 则会出错

3) 判断函数

判断函数用来判断动作执行的结果,针对各种数据类型实现判断,判断函数见表 3-11。

表 3-11　判　断　函　数

函　数　名　称	函数值意义
IsArray(varname)	判断变量是否为数组,若是,为 T
IsDate(expression)	判断变量是否为日期,若是,为 T
IsEmpty(expression)	判断变量是否已被初始化,若没有,为 T
IsNumberic(expression)	判断变量是否为数字型,若是,为 T
IIF(expr,truepart,falsepart)	计算真、假两部分的值,再计算表达式的值。若表达式为真,返回真部分的值;否则,返回假部分的值

4) 日期和时间函数

日期和时间函数是经常用到的函数，以设当前的系统时间为 2008-3-24 11:02:17 为例，介绍各函数的应用见表 3-12。

表 3-12 日期和时间函数

函数名称	函数值类型	功　　能	举　　例
Now	Date	返回当前的系统日期和时间	执行 Print Now 后的结果为：2008-3-24 11:02:17
Date[$][()]	Date	返回当前的系统日期	执行 Print Date 后的结果为：2008-3-24
Time[$][()]	Date	返回当前的系统时间	执行 Print Time 后的结果为：11:02:17
DateSerial (年，月，日)	Integer	相对 1899 年 12 月 30 日(为 0)返回一个天数值。其中的年、月、日参数为数值型表达式	执行 Print DateSerial(2008,3,1)- DateSerial (2008, 1, 1)后的结果为：60
DateValue(C)	Integer	相对 1899 年 12 月 30 日(为 0)返回一个天数值。参数 C 为字符型表达式	执行 Print DateValue（"2008,03,01"）-DateValue（"2008,01,01"）后的结果为：60
Year(D)	Integer	返回日期 D 的年份，D 可以是任何能够表示日期的数值、字符串表达式或它们的组合。其中，参数为天数时，函数值为相对于 1899 年 12 月 30 日后的指定天数的年号，其取值在 1753 到 2078 之间	执行 Print Year(Date)后的结果为：2008
Month(D)	Integer	返回日期 D 的月份，函数值为 1 到 12 之间的整数	执行 Print Month(Date)后的结果为：3
Day(D)	Integer	返回日期 D 的日数，函数值为 1 到 31 之间的整数	执行 Print Day(Date)后的结果为：24
WeekDay(D)	Integer	返回日期 D 是星期几	执行 Print WeekDay(Date)后的结果为：2
Hour(T)	Integer	返回时间参数中的小时数，函数值为 0 到 23 之间的整数	执行 Print Hour(Now)后的结果为：11
Minute(T)	Integer	返回时间参数中的分钟数，函数值为 0 到 59 之间的整数	执行 Print Minute(Now)后的结果为：2
Second(T)	Integer	返回时间参数中的秒数，函数值为 0 到 59 之间的整数	执行 Print Second(Now)后的结果为：17

4．块 IF 语句

有关 IF 语句使用的详细情况，请参见第 5 章选择结构【案例 5-1】中的技术分析第 2 条。

三、操作步骤

1．创建用户界面

启动 Visual Basic 6.0，新建一个"标准 EXE"工程，并在窗体上创建 4 个标签、3 个文本框和 2 个命令按钮，界面布局如图 3-8 所示。

图 3-8

2．设置对象的属性

请按表 3-13 所示设置各对象的属性值。

表 3-13　设置对象属性值

对　　象	对象名称	属　性	属　性　值
窗体	Form1	Caption	根据三边长求三角形面积
标签	Label1	Caption	请输入三角形的三边长
	Label2	Caption	a:
	Label3	Caption	b:
	Label4	Caption	c:
文本框	Text1	Text	(空值)
	Text2	Text	(空值)
	Text3	Text	(空值)
命令按钮	Command1	Caption	计算
	Command2	Caption	退出

3．程序代码编辑

在程序代码窗口中输入下面的代码：

(1) 为命令按钮 Command1 添加单击事件，并在事件中添加如下代码，实现当单击

Command1 时，获取用户在文本框中输入的三条边的边长，然后判断该三边是否构成三角形，如果是，则计算并显示该三角形的面积，否则输出不能构成三角形的提示信息。

```
Private Sub Command1_Click()
    Dim a As Single, b As Single, c As Single
    Dim p As Single, s As Single
    a = Val(Text1.Text)
    b = Val(Text2.Text)
    c = Val(Text3.Text)
    If a + b > c And a + c > b And b + c > a Then     '构成三角形的条件是任意两边之和
                                                      '要大于等于第三边

        p = (a + b + c) / 2
        s = Sqr(p * (p - a) * (p - b) * (p - c))
        MsgBox "该三角形的面积是" & Str(s)               '到第5章中找MsgBox的相关知识点
    Else
        MsgBox "该三边不能构成三角形，请重新输入！"
    End If
End Sub
```

(2) 为命令按钮 Command2 添加单击事件，并在事件中添加如下代码，实现当单击 Command2 时，结束程序。

```
Private Sub Command2_Click()
    End
End Sub
```

4．程序代码调试

输入程序代码后，完成程序代码的调试和修改。

四、探索与思考

(1) 如果三角形的三边不能构成三角形，则改变提示方式。

(2) 增加其他图形的面积计算，如长方形、平行四边形、圆形等。

五、学生自主设计——简易计算器

1．设计要求

1) 基本部分——模仿

程序运行效果如图 3-9 所示，用以完成简单的算术运算。

2) 拓展部分——创意设计

(1) 选中"+"后，"？"变为"+"，其余依次类推。

(2) 当选择"/"、"\"、"mod"并且在第二个文本框中输入 0 时应给出提示信息(具体参见第 5 章选择结构技术分析的 IF 语句)。

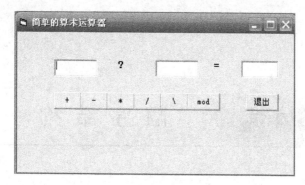

图 3-9

2. 知识准备

要完成自主设计内容，需掌握以下知识：

(1) 标签、命令按钮、文本框等控件的使用。

(2) 算术运算符、比较运算符等运算符的使用。

(3) 各种常用函数的使用。

3. 效果评价标准

请对照表 3-14 完成自主设计效果评价。

表 3-14 效 果 评 价 表

序号	评 价 内 容	分值	自评	互评	师评
1	界面布局合理，整齐美观	20 分			
2	语句完整，语法正确，书写规范、美观	20 分			
3	程序中应有适量的注释语句，便于他人阅读程序	20 分			
4	能实现规定的功能，无异常情况	20 分			
5	加入自己的思考和拓展	20 分			
合 计		100 分			

4. 设计小结

请将你的设计过程、设计体会、在设计过程中遇到的问题以及解决方法写在下面。

_____

_____

_____

_____

【本 章 小 结】

本章主要通过两个简单案例的设计，让学生初步理解算术运算符、表达式、函数、常量、变量的使用，为后面的复杂程序编写打下扎实的基础。

第4章　顺序结构

计算机工作时，都是按照人们事先确定的方案，执行人们指定的操作步骤，才能得到需要的结果，即执行事先编写的程序。

编写程序解决实际问题时，一般要经过分析问题、确定处理问题的方案、确定算法、编写程序、上机调试等 5 个步骤。其中最重要的是第 3 个步骤，即算法设计。只要算法是正确的，编写程序就不太困难了，一个程序员应该掌握如何设计一个问题的算法。

在程序设计中，构成算法的基本结构有三种：顺序结构、选择结构和循环结构。所有的复杂程序都可以由这三类结构来完成，但无论多么复杂的程序，其主体结构都是顺序的。顺序结构是指按各部分语句出现的先后次序执行的一种程序结构。本章就从简单的顺序结构入手学习编程方法。

学习目标：

(1) 理解算法和控制结构的概念。

(2) 掌握使用赋值语句在程序中设置对象的属性。

(3) 掌握 Print 方法的使用。

(4) 能阅读顺序结构的程序。

(5) 能正确使用基本语句并进行顺序结构程序的设计。

【案例】 欢 迎 画 面

一、案例效果

本案例利用顺序结构的特点，使用基本的赋值语句和 Print 方法，在窗体上绘制图案，程序效果如图 4-1 所示。

图 4-1

二、技术分析

1. 算法和控制结构的概念

1) 算法

所谓"算法"就是人们为解决某一具体问题所采取的方法和步骤。其实，做任何事情都有其算法，比如一个学校对学生一天的学习内容，从早自习到晚自习，都是一一安排好的，这样就告诉了学生一天要学习的内容和应该完成的事情。再如，一本歌谱就是歌曲的算法，因为它规定了歌唱者应如何唱歌(先唱什么，后唱什么，什么音阶，什么音符等)。对于复杂的问题，确定算法往往要分步进行，即先确定粗略的算法，然后逐步细化。

有了正确的算法，利用任何一种语言编写程序，都能解决问题，因此，算法是程序设计的灵魂。对于同一个问题，可以有多种算法。对于程序设计者而言，一方面要善于利用现有的算法，另一方面还要追求算法的优化，使程序具有设计费用低、运行时间短、占用内存小的优点。

例如，计算"1+2+3+4+5"的和的步骤是：计算 1+2 的值为 3→计算 3+3 的值为 6→计算 6+4 的值为 10→计算 10+5 的值为 15，即 1+2+3+4+5=15。

根据上述算法，设计求"1+2+3+4+5"的和的程序如下：

```
SUM=0:N=0
N=N+1:SUM=SUM+N
N=N+1:SUM=SUM+N
```

N=N+1:SUM=SUM+N

N=N+1:SUM=SUM+N

N=N+1:SUM=SUM+N

PRINT　"SUM=";SUM

如果使用上述算法计算"1＋2＋3＋4＋…＋100"的和，会使程序长而烦琐，这显然不是一个好算法，应改进算法。

考虑到程序中多次使用"N=N+1"和"SUM=SUM+N"语句，可使用循环的方法，循环一次执行一次"N=N+1"和"SUM=SUM+N"语句，一共循环 5 次。如果是求 1 到 100 的累加和，则循环 100 次。这种循环可以通过程序的循环控制结构来实现。

在程序设计中，构成算法的基本结构有三种：顺序结构、选择结构和循环结构。所有的复杂程序都可以由这三类结构来完成。

顺序结构使得语句按先后顺序依次执行；选择结构让程序能进行逻辑判断，在满足条件时转去执行相应的语句；循环结构则让单调的重复运算变得简单明了。

2) 算法的图形描述

为了让算法清晰易懂，需要选择一种好的描述方法。算法有许多种描述方法，例如前面所用的方法是自然语言法，即使用人们日常使用的语言描述解决问题的步骤与方法。这种描述方法通俗易懂，但比较烦琐，且对条件转向等描述欠直观，容易出现歧义。针对自然语言法描述的缺点，又产生了流程图法。

流程图法是一种用图形来表示算法的描述方法。它通过各种几何框图和流程线来描述各步骤的操作和执行过程。这种方法直观形象、逻辑清楚、便于阅读理解。

对于初学者和编写较小的程序时，可采用传统流程图的方法。传统流程图一般由若干个框、带箭头的流程线以及简要的文字说明部分组成，常见的流程图基本符号如表 4-1 所示。

表 4-1　常见的流程图基本符号

基　本　符　号	说　　明	功　　能
	起止框	表示程序的开始和终止
	判断框	表示进行判断
	处理框	表示完成某种项目的操作
	输入输出框	表示输入或输出数据
	连接点	表示程序的流向
	流程线	表示两段流程的连接点

顺序、选择和循环 3 种基本结构的传统流程图如图 4-2 所示。

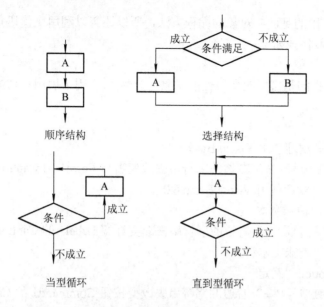

图 4-2

N-S 流程图是 1973 年美国科学家 Nassi 和 Shneiderman (N 和 S 分别是两人名字的首字母)首次提出的一种描述算法的图形方法。N-S 流程图完全去掉了流程线,全部算法写在一个大矩形框内,在框内还可以包含一些从属于它的小矩形框,所以又称为盒图,它是一种适合于结构化程序设计的流程图。

顺序、选择和循环 3 种基本结构的 N-S 流程图如图 4-3 所示。

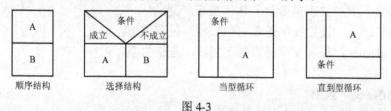

图 4-3

Visual Basic 虽然采用面向对象的编程方法,但是在具体的过程内部,仍然要用到结构化程序的方法来对其流程进行控制,这样才能够发挥更强的功能。这就需要有对流程进行控制的语句。

2.赋值语句

所谓赋值是将一个数据赋予一个变量。赋值语句是在程序中使用频率最高的一条语句。

1) 赋值语句的一般格式

格式:变量名=表达式

需要注意的是,符号"="在这里是赋值号,而不是等于号,它表明一种操作,它表示将赋值号右边的常量、变量或表达式的值赋给左边的变量,而并不表示"="号两边相等。

例如:

X=123

上面的语句表示将常量 123 赋给变量 X。

Visual Basic 采用的是面向对象的编程方法，所以还可以利用赋值语句在程序中设置对象的属性值，其一般格式如下：

Object.属性=属性值

这里的 Object 指的是需要改变属性的对象，符号"."用于引用该对象的属性、方法等内容。

例如：

Form1.Caption="欢迎使用 Visual Basic 6.0"

此语句的作用是用赋值号"="右边的字符串去改变窗体 Form1 的 Caption 属性，即设置窗体 Form1 的标题为"欢迎使用 Visual Basic 6.0"。

Label1.Caption="趣味文本"

此语句的作用是用赋值号"="右边的字符串去改变标签 Label1 的 Caption 属性，即在标签 Label1 上显示文本"趣味文本"。

Command1.Caption="确定"

此语句的作用是用赋值号"="右边的字符串去改变按钮 Command1 的 Caption 属性，即设置命令按钮 Command1 上的文字为"确定"。

2) 在程序中设置文字的外观属性

在程序中用来设置文字外观的属性如下：

● FontName：设置文字的字体，是字符型。

● FontSize：设置文字的大小，是整型数值。

● FontBold：设置文字是否为粗体，是布尔型。

● FontItalic：设置文字是否为斜体，是布尔型。

● FontStrikethru：设置文字是否加删除线，是布尔型。

● FontUnderline：设置文字是否带下划线，是布尔型。

例如：

Text1.FontName="隶书"

此语句的作用是设置 Text1 文本框的字体为隶书。

Text1.FontSize=16

此语句的作用是设置 Text1 文本框的字号大小为 16。

Text1.FontBold=True

此语句的作用是设置 Text1 文本框的字为粗体。

3) 在程序中设置背景色和前景色(文字颜色)

在程序中可以通过设置 BackColor 属性来设置对象的背景色，通过设置 ForeColor 属性来设置对象的前景色(文字颜色)。设置颜色的语句格式如下：

Object.BackColor="Color"

Object.ForeColor="Color"

其中，Object 是对象名称，Color 是描述颜色的数值。Color 可以有以下 4 种表示方法：

(1) 使用 QBColor(n)函数，其中参数 n 的取值表示不同的颜色。例如：QBColor(1)表示蓝色，QBColor(14)表示亮黄色。

(2) 使用 RGB(r,g,b)函数。RGB(r,g,b)函数采用三基色原理，其中，r、g、b 的取值分别为 0～255 之间的整数。例如：

RGB(0,0,0)表示黑色，RGB(255,255,255)表示白色，

RGB(255,0,0)表示红色，RGB(0,255,0)表示绿色，

RGB(0,0,255)表示蓝色，RGB(255,255,0)表示黄色，

RGB(0,128,128)表示青色，RGB(128,0,128)表示洋红色。

(3) 可以使用系统提供的描述颜色的常量。例如 vbRed 表示红色，vbGreen 表示绿色，vbBlue 表示蓝色，vbBlack 表示黑色，vbWhite 表示白色，vbYellow 表示黄色，vbCyan 表示青色。

(4) &HBBGGRR 或&××××××。可以用十六进制数或十进制整数描述，数值的取值范围为 0(&H0)～16,777,215(&HFFFFFF),十六进制数以左边加字母 H 来表示。其中"×××××× "是标准 RGB 颜色的十六进制数，以两位为一组。该数值范围内，从最低字节到最高字节依次决定红、绿和蓝的量。红、绿和蓝的成分，分别由一个介于 0 与 255(&HFF)之间的数来表示。例如：

&00 或&H0 表示黑色，&HFFFFFF 表示白色，

&H0000FF 表示红色，&HFF0000 表示蓝色，

&H00FF00 表示绿色，&HFFFF00 表示黄色。

例如：

Text1.BackColor=RGB(255,255,255)

此语句的作用是设置 Text1 文本框的背景色为白色。

Text1.ForeColor=vbRed

此语句的作用是设置 Text1 文本框的文字颜色为红色。

3. Print 方法

Print 方法用于在窗口中输出字符，它的使用格式如下：

object.Print [outputlist]

参数 object 表示要输出字符的对象，缺省时表示当前窗体。

参数 outputlist 是可选的，表示要打印的输出项或输出项的列表。多个输出项之间使用分号(;)分隔。如果省略，则打印一空白行。输出项可以为常量、变量、函数和表达式。输出项的类型可以是数值型和字符型。

例如：

Print 1; "a"

输出项为常量时，执行该语句则直接输出该常量。

Print a

输出项为变量时，执行该语句则输出变量中存放的值。

Print 3*4

输出项为表达式时，执行该语句则输出表达式的值。

参数 outputlist 中，还可以使用函数 Spc(n)和 Tab(n)来控制输出项的位置。

(1) 函数 Spc(n)，用来在输出中插入空白字符，n 为要插入的空白字符数。例如：

Print Spc(8); "A"

此语句表示先输出 8 个空格，然后再输出字符"A"。

（2）函数 Tab(n)，用来指定其后的输出项在第 n 列的位置开始显示。例如：

Print　　Tab(6); "AB"

此语句表示在第 6 列开始输出字符"AB"。

4．窗体

1）常用窗体属性

（1）Caption，设置和获取窗体的标题文本。对于窗体来说，它的值将显示在窗体的标题栏中。

（2）Height，设置和获取窗体的高度，其值为整数，单位为 Twip(缇)。

（3）Width，设置和获取窗体的宽度，其值为整数，单位为 Twip(缇)。

2）常用窗体事件

（1）Click。

例如：

Private Sub Form_click()

　　　　Print "欢迎使用 Visual Basic 6.0"

End Sub

当鼠标在窗体上单击时，会执行 Form_Click()事件，在窗体上显示"欢迎使用 Visual Basic 6.0"。

（2）Load。

例如：

Private Sub Form_load()

　　　　Print "欢迎使用 Visual Basic 6.0"

End Sub

当窗体被载入时，会执行 Form_load()事件，在窗体上显示"欢迎使用 Visual Basic 6.0"。

三、操作步骤

1．创建程序界面

新建一个"标准 EXE"工程，参照图 4-4 对空白窗体 form1 的高度和宽度进行适当调整。

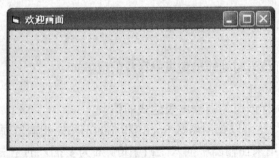

图 4-4

2. 设置对象的属性

本案例中只用到 1 个窗体对象，按表 4-2 设置窗体的属性。

表 4-2　设置窗体的属性

对象名称	Caption 值	Height 值	Width 值
Form1	欢迎画面	2910	5655

3. 程序代码编辑

在程序代码窗口中输入下面的代码。

窗体 Form1 的程序代码：

```
Private Sub Form_click()
    Cls                                     '清除窗体内容
    ForeColor = RGB(0, 255, 0)              '更改绘图颜色
    Print "       ************************************************"
    Print "       *                                            *"
    ForeColor = RGB(255, 0, 255)            '更改绘图颜色
    Print "       *   ******************************************   *"
    Print "       *   *                                    *   *"
    Print "       *   *                                    *   *"
    ForeColor = RGB(255, 255, 0)                '更改绘图颜色
    Print "       *   *      欢迎使用 Visual Basic 6.0      *   *"
    ForeColor = RGB(255, 0, 255)            '更改绘图颜色
    Print "       *   *                                    *   *"
    Print "       *   *                                    *   *"
    Print "       *   ******************************************   *"
    ForeColor = RGB(0, 255, 0)              '更改绘图颜色
    Print "       *                                            *"
    Print "       ************************************************"
End Sub
```

4. 程序代码调试

在程序代码窗口中输入程序代码后，完成程序代码的调试和修改。

四、探索与思考

(1) 如何改变画面中所显示的*号颜色？如何将画面中的字体改成楷体？

(2) 如何将"欢迎使用 Visual Basic 6.0"显示在画面的第三行？

(3) 如何将"欢迎使用 Visual Basic 6.0"分成两行显示在画面的中间？

(4) 如果在窗体被载入时显示画面，则如何修改？

五、学生自主设计——趣味文本

1. 设计要求

1) 基本部分——模仿

要求程序运行后，在屏幕的中央显示一个窗体，窗体的画面参考图 4-5 所示。

在左右文本框中任意输入一段文字，单击"文字变化"按钮后，两个文本框中文字的大小、字体、字形会发生变化；单击"文字颜色"按钮后，两个文本框中的文字颜色会变化；单击"背景颜色"按钮后，两个文本框中的背景颜色会变化；单击"文本互换"按钮后，两个文本框中的文字互换；单击"清除"按钮，两个文本框的内容被清空；单击"退出"按钮可退出程序运行。

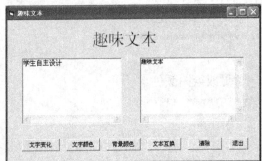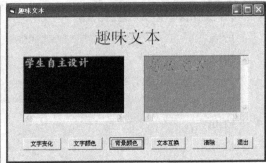

图 4-5

2) 拓展部分——创意设计

试着设计程序使文本框中的文字大小、前景色、背景色等随机变化。

2. 知识准备

(1) 学习使用标签(Label)控件的 Caption、Font、BackStyle、ForeColor、BackColor 等常用属性的应用。

(2) 学习使用文本框(TextBox)控件的 Text、MultiLine、ScrollBars、BackColor、ForeColor、Alignment 等常用属性以及颜色、字体的应用。

(3) 学习使用按钮(CommandButton) 控件的 Caption、Font、ForeColor 等常用属性的应用。

(4) 学习使用赋值语句在程序中设置对象的属性。

(5) 学习使用常用按钮事件 Click。

(6) 学习使用随机函数 Rnd(具体参见第 6 章案例 1 中的技术分析第 4 条)。

3. 效果评价标准

请对照表 4-3 完成自主设计的效果评价。

表 4-3 效 果 评 价 表

序号	评 价 内 容	分值	自评	互评	师评
1	界面布局合理，整齐美观	20分			
2	语句完整,语法正确，书写规范、美观	20分			
3	程序中应有适量的注释语句，便于他人阅读程序	20分			
4	能实现规定的功能，无异常情况	20分			
5	加入自己的思考和拓展	20分			
合　　计		100分			

4. 设计小结

请将你的设计过程、设计体会、在设计过程中遇到的问题以及解决方法写在下面。

_____

_____

_____

_____

【本 章 小 结】

本章主要通过一个简单案例的设计，让学生初步理解顺序结构设计的基本思想，理解程序编写的一般原则，并且重点学习了 Print 方法的运用，为后面选择结构和循环结构的学习打下重要的基础。

第5章 选择结构

前面介绍的顺序结构是程序设计中最基本的一种，编写程序的思想就像是走一条直路。但当我们走到十字路口时该怎么办呢？这时，我们会根据要到达的目的地，选择其中的一条道路，这就是人的逻辑思维判断能力。实际上，计算机也具有一定的逻辑思维判断能力，它可以根据程序运行的具体条件决定下一步所要进行的操作，也就是说，计算机具有选择控制程序流程的能力。

正是由于有了选择结构，才使计算机的能力超出了一般机器的范畴，因为它有了逻辑判断的能力，能对条件的真假作出不同的反应。

选择结构的特点是可根据所给定选择条件为真(即条件成立)与否而决定从各实际可能的不同操作分支中，选择执行某一分支的相应操作，并且在任何情况下均有"无论分支多少，仅选其一执行"的特性。

学习目标：

(1) 掌握行 IF 语句和块 IF 语句。

(2) 掌握多分支 If…Then…ElseIf 语句。

(3) 掌握多分支 Select Case 语句。

(4) 建立分支结构程序设计的概念。

(5) 利用分支语句编写程序。

(6) 掌握 MsgBox 过程、InputBox()函数的应用。

(7) 掌握函数 Sqr、Val、Str$、Chr$和格式输出函数 Format 的使用。

(8) 掌握单选按钮、复选框、组合框和时钟控件的使用。

【案例 5-1】 登录对话框

一、案例效果

本案例利用选择结构的特点，使用块 IF 语句和常用窗体方法，实现"登录对话框"的设计，程序效果如图 5-1 和图 5-2 所示。

程序运行后，首先显示如图 5-1(a)所示的"登录界面"对话框，当输入正确的用户名和密码后，单击"登录"按钮后，将会弹出"欢迎界面"窗口，并关闭"登录界面"窗口，如图 5-1(b)所示。

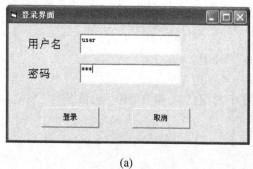
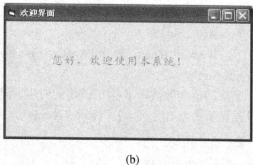

| (a) | (b) |

图 5-1

如果输入了错误的用户名或密码，将如图 5-2 所示，弹出"用户名或密码错误，请重输"的消息对话框，单击消息对话框中的"确定"按钮后，可以重新输入正确的用户名或密码。

如果在出现"登录界面"对话框时单击了"取消"按钮，将退出程序。

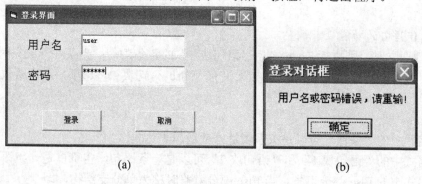

| (a) | (b) |

图 5-2

二、技术分析

1. 行 If 语句

1) 行 IF 语句的格式

If 条件 Then 语句组 1 [Else 语句组 2]

2) 行 If 语句的功能

当条件成立时，执行 Then 之后"语句组 1"的各条语句；当条件不成立时，执行 Else 之后"语句组 2"的各条语句，如果没有"Else 语句组 2"选项，则直接执行其后的下一条语句。

3) 使用说明

(1) 格式中的"条件"是关系表达式或逻辑表达式。

(2) 格式中的"语句组 1"和"语句组 2"可以包含多条语句，各条语句之间用冒号分隔。

(3) 格式中的 Else 部分可省，当 Else 部分省略时称为单分支结构，即

If　条件　Then　语句

例如：

```
Private Sub Form_click()
    A=12:B=128
    If A>B　Then　Print "A>B"　Else Print "A<=B"
End Sub
```

上面的语句段演示了行 If 语句的应用。程序中对变量 A 和 B 的值进行比较，当 A 大于 B 时，显示"A>B"；否则，显示"A<=B"。

2．块 If 语句

1) 块 If 语句的格式

```
If　条件　Then
    语句块 1
[Else
    语句块 2]
End　If
```

2) 块 If 语句的功能

当条件成立时，则执行 Then 之后"语句块 1"的各条语句；当条件不成立时，则执行 Else 之后"语句块 2"的各条语句，如果没有"Else 语句块 2"选项，则直接执行 End If 后面的语句。

3) 使用说明

(1) 格式中的"条件"可以是关系表达式或逻辑表达式。

(2) 格式中的"语句块 1"和"语句块 2"可以是一条语句，也可以是一组语句。

(3) 格式中的 Else 部分可省，当 Else 部分省略时称为单分支结构，即

```
If　条件　Then
    语句块
End　If
```

(4) 在编程的习惯上，常把夹在关键字 If、Then 和 Else 之间的语句块以缩排的方式排列，这样会使程序更容易阅读。

例如：

```
Private Sub Form_click()
    A=12:B=128
    If A>B    Then
      Print "A>B"
    Else
      Print "A<=B"
    End If
  End Sub
```

上面的语句段演示了块 If 语句的应用。程序中对变量 A 和 B 的值进行比较，当 A 大于 B 时，显示"A>B"；否则，显示"A<=B"。

3. 窗体的常用方法与事件

1) Show 方法

调用 Show 方法，显示窗体，如果窗体已载入内存，则直接显示；如果调用 Show 方法时指定的窗体没有装载，Visual Basic 将自动装载该窗体。

例如：

Form1.Show

该语句的作用是使名为 Form1 的窗体对象在屏幕中显示出来。

2) Load 事件

调用 Load 事件将窗体载入。

例如：

Private Sub Form_Load()

语句体

End Sub

3) Unload 事件

调用 Unload 事件，窗体被卸载。

例如：

Private Sub Form_Unload()

语句体

End Sub

4. MsgBox 过程、InputBox()函数的应用

(1) MsgBox 过程用法如下：

MsgBox 提示[, 按钮][, 标题]

例如：MsgBox "您输入的密码不正确，请重新输入！"

(2) InputBox()函数的格式如下：

InputBox(提示[, 标题][, 默认值][, X 坐标位置][, Y 坐标位置])

例如：InputBox("请输入您的姓名！")

说明：关于人机交互函数的详细介绍请参见第 12 章中技术分析部分第 4 条。

5. 文本框属性 PassWordChar 的设置

文本框控件的 PassWordChar 属性能实现密码功能，如果将其值设置为"*"，则运行程序时，在文本框中输入任意字符，都将以"*"显示。

6. Visual Basic 标准函数

函数是一些特殊的语句或程序段，每一种函数都可以进行一种具体的运算。在程序中，只要给出函数名和相应的参数就可以使用它们，并可得到一个函数值。在 Visual Basic 中，函数可分为标准函数和用户自定义函数两大类。标准函数也叫内部函数或预定义函数，它是由 Visual Basic 语言直接提供的函数。本案例中主要涉及的标准函数见表 5-1。

表 5-1　本案例中主要涉及的标准函数

函数名	函数值类型	功　　能	举　　例
Sqr(N)	Double	求 N 的算术平方根，N>=0	Sqr(64)=8,Sqr(100)=10
Val(C)	Double	将 C 中的数字字符转换成数值型数据，当遇到第一个不能被其识别为数字的字符时，即停止转换	Val("12345abc")=12345 Val("abc")=0
Str$(N)	String	将 N 转换为字符串，如果 N>0，则返回的字符串中有一个前导空格	Str$(−12345)="−12345" Str$(12345)=" 12345"
Chr$(N)	String	求以 N 为 ASCII 码的字符	Chr$(65)=A

7. 格式输出函数

用格式输出函数 Format 可以使数值、日期或字符串按指定的格式输出，常用于 Print 方法中，其格式如下：

Format (表达式　[,"格式化符号"])

其中："表达式"是要格式化的数值、日期或字符串类型的表达式。格式化符号是表示输出表达式值时所采用的输出格式，格式化符号要用引号括起来。

格式化可分为 3 种类型：数值格式化、日期时间格式化和字符串格式化。

1) 数值格式化

数值格式化是将数值型表达式的值按"格式化符号"指定的格式输出。有关格式化符号及应用举例见表 5-2。

需要注意的是，对于符号"0"与"＃"，若要显示的数值表达式的整数部分位数多于格式化符号的位数，则按实际数值显示；若小数部分的位数多于格式化符号的位数，则四舍五入显示。

表 5-2　数值格式化符号及应用举例

符　号	作　用	数值表达式	格式化字符串	显示结果
0	实际数字小于符号位数时，数字前后加 0	1234.567 1234.567	"00000.0000" "000.0"	01234.5670 1234.6
#	实际数字小于符号位数时，数字前后不加 0	1234.567 1234.567	"#####.####" "###.#"	1234.567 1234.6
.	加小数点	12345	"00000.00"	12345.00
,	千分位	1234.567	"##,##0.0000"	1,234.5670
%	数值乘以 100，加百分号	1234.567	"####.##%"	123456.7%
$	在数字前强加 "$" 号	1234.567	"$####.#"	$1234.6
+	在数字前强加 "+" 号	1234.567	"+####.#"	+1234.6
−	在数字前强加 "−" 号	−1234.567	"−####.#"	−1234.6
E+	用指数表示	0.1234	"0.00E+00"	1.23E−01
E−	用指数表示	1234.567	"0.00E−00"	1.23E03

下面给出了数值格式化的示例，程序代码如下：

```
Private Sub Form_Click ( )
    Dim N As Single
    N=1234.567
    Print   Format (N, "00000.00000")
    Print   Format (N, "00.00")
    Print   Format (N, "#####.#####")
    Print   Format (N, "##.##")
    Print   Format (N, "##,##0.00000")
    Print   Format (N, "####.##%")
    Print   Format (N, "$###.##")
    Print   Format (N, "+#####.##")
    Print   Format (N, "−####.###")
    Print   Format (N, "0.00E+00")
    Print   Format (N, "0.00E−00")
End Sub
```

程序段运行后，效果如图 5-3 所示。

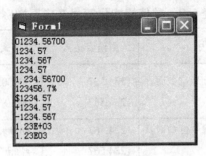

图 5-3

2) 日期和时间格式化

日期和时间格式化是指将日期型表达式或数值型表达式的值转换为日期、时间的序数值，并按"格式化符号"指定的格式输出。有关格式化符号及其应用举例见表5-3。

表 5-3　日期和时间格式化符号及应用举例

符　号	作　用	符　号	作　用
d	显示日期(1~31)，个位前不加 0	dd	显示日期(01~31)，个位前加 0
ddd	显示星期的缩写(Sun~Sat)	dddd	显示星期全名(Sunday~Saturday)
w	星期为数字(1~7，1 是星期日)	ww	一年中的星期数(1~53)
m	显示月份(1~12)，个位前不加 0	mm	显示月份(01~12)，个位前加 0
mmm	显示月份缩写(Jan~Dec)	mmmm	月份全名(January~December)
y	显示一年中的天数(1~366)	yy	两位数显示年份(00~99)
yyyy	四位数显示年份(0100~9999)	q	显示季度数(1~4)
h	显示小时(0~23)，个位前不加 0	hh	显示小时(00~23)，个位前加 0
m	在 h 后显示分(0~59)，个位前不加 0	mm	在 h 后显示分(00~59)，个位前加 0
s	显示秒(0~59)，个位前不加 0	ss	显示秒(00~59)，个位前加 0
ttttt	显示完整时间(小时、分和秒)，默认格式为 hh：mm：ss	AM/PM Am/pm	12 小时的时钟，中午前为 AM 或 am，中午后为 PM 或 pm
A/P 或 a/p	显示 12 小时的时钟，中午前为 A 或 a，中午后为 P 或 p		
ddddd	显示完整日期(日、月、年)，默认格式为 mm/dd/yy		

分钟的格式化符号 m、mm 与月份的格式化符号相同，区分的方法是：跟在 h、hh 后的为分钟的格式化符号，否则为月份的格式化符号。非格式化符号"–"、"/"、"："等将照原样显示。

下面给出了日期和时间格式化的示例，程序代码如下：

```
Option Explicit
Private Sub Form_Click ( )
        Dim MyTime As Data,MyDate As Date
        FontSize=12
        Rem  显示系统当前日期和时间
        Print Format(Now, "yyyy 年 mm 月 dd 日    hh 小时 mm 分钟 ss 秒")
        Print Format(Now, "yy 年 m 月 d 日    h 小时 m 分钟 s 秒")
        Print Format(Now, "ddddd,dddd,mmmm,dd,yyyy    hh:mm")
        Rem    以系统预定义的格式显示系统当前日期
        Print Format(Date, "ddddd,ddd,mmm,dd,yyyy")
        MyTime = #5:06:08 PM#
        MyDate = #4/25/2003#
        Rem  显示日期 MyTimeMyDate
        Print Format(MyDate, "mm/dd/yyyy")
        Print Format(MyDate, "m-d-yy")
        Print Format(MyDate, "mmmm/dddd/yyyy")
        Print Format(MyDate, "dddd")
        Rem  显示时间 MyTime
        Print Format(MyTime, "h-m-sAM/PM")
        Print Format(MyTime, "hh:mm:ssA/P")
        Print Format(MyTime, "h 小时 m 分钟 s 秒 AM/PM ")
        Print Format(MyTime, "hh 小时：mm 分钟：ss 秒 A/P")
End Sub
```

程序段运行后，效果如图 5-4 所示。

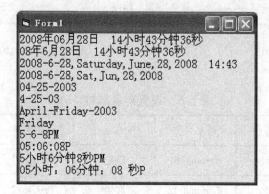

图 5-4

程序中，通用声明段中的 Option Explicit 语句是用来强制显式声明变量的，其作用范围为语句所在的窗体模块；Now 函数返回当前的系统日期和系统时间，Date 函数返回当前的系统日期。

3) 字符串格式化

字符串格式化是将字符串按格式化符号指定的格式进行强制大小写显示等。常用的字符串格式化符号及应用举例见表5-4。

表5-4 常用字符串格式化符号及应用举例

符 号	作 用	字符串表达式格式化符号	显示结果
<	强迫字母以小写显示	Format("Basic","<")	basic
>	强迫字母以大写显示	Format("Basic",">")	BASIC
@	实际字符位小于符号位时，字符前加空格	Format("Basic","@@@@@@@")	Basic
&	实际字符位小于符号位时，字符前不加空格	Format("Basic","&&&&&&&")	Basic

三、操作步骤

1．创建登录程序界面

新建一个"标准 EXE"工程，按照图 5-5(a)所示在 Form1 窗体上添加 2 个标签控件、2 个文本框控件和 2 个命令按钮控件，并设置各对象属性如表 5-5 所示。

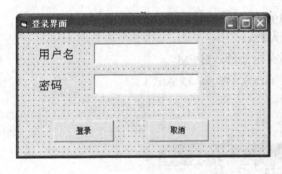

(a)

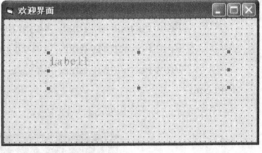

(b)

图 5-5

表 5-5 设置对象属性(一)

对象名称	Caption 值	对象名称	Caption 值	对象名称	PasswordChar 值
Form1	登录界面	Command1	确定	TextBox1	
Label1	用户名	Command2	取消	TextBox2	*
Label2	密码				

2．创建欢迎程序界面

使用添加新窗体的方法为程序添加一个新窗体 Form2，按照图 5-5(b)所示在该窗体上添加 1 个标签控件，并按表 5-6 设置对象属性。

表 5-6 设置对象属性(二)

对象名称	Caption 值	对象名称	Caption 值	Font 值	ForeColor 值
Form2	欢迎界面	Label1	Label1	楷体、四号	青色

3. 程序代码编辑

在程序代码窗口中输入代码。

(1) 窗体 Form1 中按钮 Command1 的程序代码如下：

```
Private Sub Command1_Click()
'检查用户名和密码是否正确
If Text1.Text = "user" And Text2.Text = "123" Then
        Form2.Show              '显示欢迎程序窗口
        Unload Me               '卸载当前窗口
Else
        MsgBox "用户名或密码错误，请重输!"    '弹出消息对话框
End If
End Sub
```

(2) 窗体 Form1 中按钮 Command2 的程序代码如下：

```
Private Sub Command2_Click()
Unload Me                          '卸载当前窗体，退出程序
End Sub
```

(3) 窗体 Form2 的程序代码：

```
Private Sub Form_Load()
Label1.Caption = "您好，欢迎使用本系统!"        '设置标签文本
End Sub
```

4. 程序代码调试

输入程序代码后，完成程序代码的调试和修改。

四、探索与思考

(1) 如果用户名只能识别字母，则程序如何修改？

(2) 如果密码设置要求限制在六位以内，则程序如何修改？

五、学生自主设计——倒计时器

1. 设计要求

1) 基本部分——模仿

要求程序运行后，在屏幕的中央显示一个窗体，窗体的画面参考图 5-6 所示。

在文本框中输入倒计时的时间，再单击"开始"按钮，则开始倒计时，并显示剩余时间，单击"暂停"按钮，则停止计时。

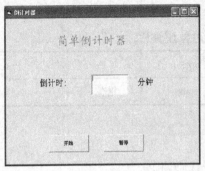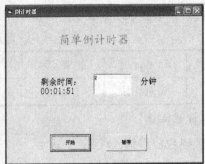

图 5-6

2) 拓展部分——创意设计

如果希望当前系统的时间也能显示出来，并能适时变化，则如何设计？试试看。

2. 知识准备

(1) 学习使用标签(Label)控件的 Caption、Font、BackStyle、ForeColor、BackColor 等常用属性的应用。

(2) 学习使用文本框(TextBox)控件的 Text 等常用属性的应用。

(3) 学习使用按钮(CommandButton)控件的 Caption、Font、ForeColor 等常用属性的应用。

(4) 学习使用 VB 标准函数：Str$(N)、Val(C)、Sqr(N)、Chr$(N)及格式输出函数 Format。

(5) 学习时钟控件(Timer)的使用(具体参见本章案例 2 中的技术分析)。

(6) 理解分支结构，学习使用行 If 语句和块 If 语句编写程序。

3. 效果评价标准

请对照表 5-7 完成自主设计的效果评价。

表 5-7 效 果 评 价 表

序号	评 价 内 容	分值	自评	互评	师评
1	界面布局合理，整齐美观	20分			
2	语句完整，语法正确，书写规范、美观	20分			
3	程序中应有适量的注释语句，便于他人阅读程序	20分			
4	能实现规定的功能，无异常情况	20分			
5	加入自己的思考和拓展	20分			
合　　计		100分			

4. 设计小结

请将你的设计过程、设计体会、在设计过程中遇到的问题以及解决方法写在下面。

_____

_____

_____

_____

【案例5-2】 字体格式设置

一、案例效果

本案例运用标签、单选按钮、复选框、组合框和框架等控件设计一个简单的字体格式设置程序，当用户选择"字体颜色"框架中的单选按钮时，标签中的字体颜色会随着所选择的颜色单选按钮而变化；当用户选择"字形设置"框架中的复选框时，标签中文字的字形会随着所选择的复选框的标签内容而变化；当用户选择"字号设置"框架中组合框中的字号值时，标签中的字号会随着字号值的变化而变化。其界面设计如图5-7所示。

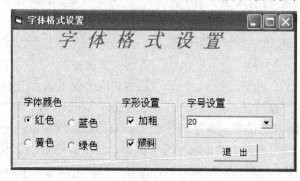

图 5-7

二、技术分析

现实生活中，常常会遇到多分支问题，如统计某学科考试成绩各分数段的人数，不同收入层次缴纳税率不同，数学中的分段函数等。Visual Basic 提供了两种多分支语句：Select Case 语句和 If…Then…ElseIf 语句。

1. Select Case 语句

1) Select Case 语句的格式

```
Select   Case    表达式
    [Case  取值列表 1
        语句序列 1]
    [Case  取值列表 2
        语句序列 2]
        …
        …
[Case   Else
    语句序列 n]
        End Select
```

2) Select Case 语句的功能

Select Case 语句先计算表达式的值，再将其值依次与每个 Case 关键字后面的"取值列表"中的数据或数据范围进行比较，如果相等，就执行该 Case 后面的语句序列；如果都不相等，则执行 Case Else 子语句后面的语句序列 n。无论执行的是哪一个语句序列，执行完后都接着执行关键字 End Select 后面的语句。

3) 使用说明

(1) 表达式可以是数值表达式或字符串表达式。

(2) 每一个 Case 后面的[取值列表]中的数据是表达式可能取得的结果，其[取值列表]的格式有以下三种：

① 数值型或字符型常量或表达式。下面的每一组数据都可以作为 Case 语句的取值：

10 1,5,7 Val("A")-10 S "A","F","E"

其中，系统会认为数字是数值或 ASCII 码字符，字符是变量，只有用引号括起来的字符才会被认为是字符串。

② 使用 To 来表示数值或字符常量区间，To 两边可以是数值型或字符型常量。例如：

Case 1 To 10   '表达式值为 1 到 10 之间的数值

Case A To D   '表达式值为变量 A 到变量 D 之间的数值

Case "A" To "D"   '表达式值为字符"A"到字符"D"之间的字符

需要注意的是，To 左边的数值或字符应小于右边的数值或字符。

③ 使用"Is 表达式"来表示数值或字符串区间。这种方法适用于取值为含有关系运算符的式子，在实际输入时，加不加 Is 都可以，光标一旦离开该行，Visual Basic 会自动将它加上。例如：

Case Is>10   '表达式值大于 10 时

Case Is>=S   '表达式值大于等于变量 S 的值

Case Is<="X"   '表达式值小于等于字符"X"

以上 3 种格式可以混合使用，例如：

Case A To F,16,Is>10   '表达式值为变量 A 到变量 F 之间的数值或者
               等于 16 或者大于 10

(3) 如果不止一个 Case 语句后面的取值与表达式相匹配，则只执行第一个与表达式匹配的 Case 语句后面的语句序列。例如：

```
Private Sub Form_click()
Dim  X  As  Integer
    X=Val(text1.text)
    Select    Case  X
      Case    Is<0
        Print   0
      Case    Is<=10
        Print   10+2*x
      Case    Is<=20
```

```
        Print   30
      Case   Else
        Print   30-(X-20)/2
    End   Select
  End Sub
```
上面的语句段演示了 Select Case 语句在分段函数中的应用。

2．If…Then…ElseIf 语句

1) If…Then…ElseIf 语句的格式

```
    If   <条件 1>   Then
        <语句组 1>
    ElseIf   <条件 2>   Then
        <语句组 2>
    ElseIf   <条件 3>   Then
        <语句组 3>
        …
    ElseIf   <条件 n>   Then
        <语句组 n>
    Else
        <语句组 n+1>
    End If
```

2) If…Then…ElseIf 语句的功能

如果条件 1 成立，即表达式的逻辑值为真，则先执行语句组 1 中的各语句；如果条件 1 不成立，则跳过语句组 1，继续往下测试每个 ElseIf 的条件，当发现某个条件成立时，就执行其相关的 Then 语句后面的语句组；如果所有的条件都不成立，则执行 Else 语句后面的语句组。在执行了 Then 语句或者 Else 语句后面的语句组后，自动跳到 End If 后面的语句继续执行。

3) 使用说明

(1) 格式中的各"条件"、各"语句组"的情况同行 If 语句。

(2) 语句组中各语句的书写一般采用缩进的形式，以清晰地反映其层次结构关系。

(3) 注意 ElseIf 是一个整体，中间没有空格，不能把它写成 Else If。

例如：

```
Private Sub Form_click()
    Dim   X   As   Integer
    X=Val(text1.text)
    If   X<0   Then
        Print   0
    ElseIf   X<=10   Then
        Print   10+2*x
```

```
    ElseIf    X<=20    Then
            Print    30
    Else
        Print    30-(X-20)/2
    End    If
End Sub
```

上面的语句段演示了 If…Then…ElseIf 语句在分段函数中的应用。

3．选择结构的嵌套

选择结构的各分支中又包含选择结构，称为选择结构的嵌套，具体地说就是某种分支语句的某些分支中还可以包含该种或其他分支语句。

选择结构嵌套的目的主要是用来实现根据层次较多的复杂关系确定程序分支流程的控制。有了这些嵌套结构，分支条件就可以更具体、更复杂，所能选择的分支结构就更细腻。

对于选择结构的嵌套，主要有 If 语句的嵌套。例如：

```
If…Then
    If…Then
    …
    End If
Else
    …
End If
```

在 If 语句进行嵌套时，需要注意与 End If 的配对，End If 总是与前面最近的 If 语句相匹配。

选择结构的嵌套也可以是 If 语句和 Select 语句互相嵌套。

例如：

```
Private Sub Form_click()
    Dim    X    As    Integer
    X=Val(text1.text)
    If    X>=0    Then
      If    X>0    Then
        Print    "X 大于 0"
      Else
        Print    "X 等于 0"
      End If
      Else
        Print    "X 小于 0"
    End    If
End Sub
```

4. 单选按钮和复选框

1) 单选按钮

单选按钮(OptionButton)主要用于在多个选项中选择其中一个选项的情况。它是一个标有文字说明的圆形框，选中它后，圆圈中出现一个黑点。

单选按钮必须成组出现，在一组单选按钮中必须选择一个，且只能选择一个，即当某一个单选按钮被选中时，与它同组的其他单选按钮都处于未选中状态，如图 5-8 所示。

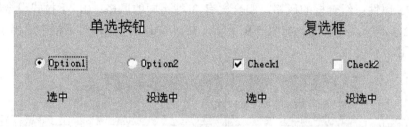

图 5-8

2) 复选框

复选框(CheckBox)主要用于选择某一功能的两种不同状态。它是一个标有文字说明的方形框，选中它后，方框中出现对勾，如图 5-8 所示。

与单选按钮不同的是，复选框可同时选择一个或多个。某一个复选框的选择状态与其他复选框无关，相互间不会有影响。

3) 单选按钮和复选框的共有属性

(1) Caption 属性。该属性用于设置单选按钮或复选框的文本注释内容，即单选按钮或复选框右边显示的文本。

(2) Alignment 属性。该属性用于设置标题和按钮显示的位置。

0：控件按钮在左边，标题显示在右边，默认设置。

1：控件按钮在右边，标题显示在左边。

(3) Value 属性。该属性用来表示单选按钮或复选框的选择状态。

① 单选按钮。

True：单选按钮被选定。

False：单选按钮未被选定。

② 复选框。

0-Unchecked：复选框未被选定，默认设置。

1-Checked：复选框被选定。

2-Grayed：复选框变成灰色，禁止用户选择。

(4) Style 属性。该属性指定单选按钮或复选框的显示方式。取 0-Standard 值，表示标准方式；取 1-Graphical 值，表示图形方式。

4) 单选按钮和复选框的共有事件

单选按钮和复选框均可响应 Click 事件，当用户单击单选按钮或复选框时，它们会自动改变状态。

5．组合框(ComboBox)控件

组合框是组合了文本框和列表框的特性而形成的一种控件，它在列表框中列出了可供用户选择的选项。当用户选定某项后，自动将该项内容装入文本框中。

1）组合框的常用属性

(1) List 属性：组合框的项目列表。

(2) Text 属性：组合框项目中的内容。

(3) Style 属性：组合框的风格。组合框有 3 种不同的风格：0，下拉式组合框；1，简单组合框；2，下拉式列表框。如图 5-9 所示，在 Word 程序字体对话框中给出了三种组合框的实际应用。

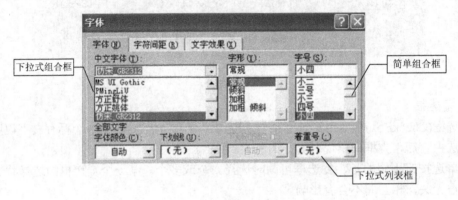

图 5-9

2）组合框的常用方法

(1) AddItem 方法。AddItem 方法的作用是向组合框添加项目，语法格式为：

对象. AddItem　Item[,Index]

其中："对象"为该方法所适用的对象，本案例中为组合框；"Item"必须是字符串表达式，是将要加入组合框的选项；"Index"决定新增选项在组合框中的位置。如果省略，则新增选项添加在最后。

例如：Combo2.AddItem "宋体"　表示在 Combo2 的最后添加一个选项为"宋体"。

(2) RemoveItem 方法。从组合框删除一个选项应使用 RemoveItem 方法，语法格式为：

对象.RemoveItem　Index

其中："对象"为该方法所适用的对象。"Index"是被删除项目在组合框中的位置。

(3) Clear 方法。该方法可清除组合框中的索引内容，语法格式为：

对象.Clear

3）组合框的常用事件

组合框的常用事件为 Click 事件。

6．框架及其应用

当需要在同一窗体中建立几组相互独立的单选按钮时，就需要用框架将每一组单选按钮框起来，这样，对在一个框架内的单选按钮组的操作不影响框外的其他组的单选按钮，如图 5-10 所示。

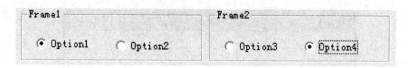

图 5-10

此外，对于其他类型的控件用框架框起来，可提供视觉上的区分，以及对框架内的控件进行总体的管理，如全部可用或全部不可用等，如图 5-11 所示。

图 5-11

在窗体上创建框架及其内部控件对象时，必须先创建框架，然后在其中创建控件对象。创建控件不能用双击工具箱中控件的方式。如果要用框架将已有控件对象分组，可按住"Shift"键，同时单击选中所有控件对象，将它们剪切到剪贴板中，再选中框架，把剪贴板中的控件对象粘贴到框架上。对框架的操作也是对其内部的控件对象的操作。框架的主要属性如下：

(1) Caption 属性，用来设置框架左上角的标题名称。如果 Caption 为空字符，则框架为封闭的矩形框。

(2) Enabled，用来设置框架是否可用。当设置为 False 时，程序运行后，该框架在窗体中的标题正文为灰色，框架内的所有对象均被屏蔽，不允许用户对其进行操作。

(3) Visible，用来设置框架是否可见。其值为 False 时，程序运行后，框架及其内所有控件对象会被隐藏。

7. 时钟控件(Timer)

时钟控件可以按照一定的时间间隔触发 Timer 事件，执行相应的程序。时钟控件的常用属性有以下几个：

(1) Interval 属性。该属性表示两次 Timer 事件之间的时间间隔，其值以 ms(毫秒)为基本单位。

(2) Enabled 属性。当该属性的值为 True 时，时钟控件有效，开始计时；当该属性的值为 False 时，时钟控件无效，停止计时。

三、操作步骤

1. 创建程序界面

(1) 启动 Visual Basic 6.0，新建一个"标准 EXE"工程。

(2) 参照图 5-12 所示在 Form1 窗体中添加 1 个标签、3 个框架、4 个单选按钮、2 个复选框、1 个组合框和 1 个命令按钮控件。

注意：框架中的控件不能采用双击工具箱中的工具按钮来添加，必须手工绘制。

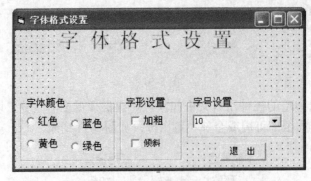

图 5-12

2. 设置对象的属性

参照表 5-8 所列设置对象的属性。

表 5-8　设置对象属性

对　象	对象名称	属　性	属性值
窗体	Form1	Caption	字体格式设置
标签	Label1	Caption	字体格式设置
框架	Frame1	Caption	字体颜色
	Frame2	Caption	字形设置
	Frame3	Caption	字号设置
单选按钮	Option1	Caption	红色
	Option2	Caption	蓝色
	Option3	Caption	黄色
	Option4	Caption	绿色
复选框	Check1	Caption	加粗
	Check2	Caption	倾斜
组合框	Combo1	Text	(空值)
命令按钮	Command1	Caption	退出

3. 程序代码编辑

(1) "红色" 单选按钮的代码如下:

```
Private Sub Option1_Click()
Label1.ForeColor = RGB(255, 0, 0)
End Sub
```

(2) "蓝色" 单选按钮的代码如下:

```
Private Sub Option2_Click()
Label1.ForeColor = RGB(0, 0, 255)
End Sub
```

(3) "黄色"单选按钮的代码如下：

```
Private Sub Option3_Click()
Label1.ForeColor = RGB(255, 255, 0)
End Sub
```

(4) "绿色"单选按钮的代码如下：

```
Private Sub Option4_Click()
Label1.ForeColor = RGB(0, 255, 0)
End Sub
```

(5) "加粗"复选框的代码如下：

```
Private Sub Check1_Click()
If Check1.Value = 1 Then
    Label1.FontBold = True
Else
    Label1.FontBold = False
End If
End Sub
```

(6) "倾斜"复选框的代码如下：

```
Private Sub Check2_Click()
If Check2.Value = 1 Then
    Label1.FontItalic = True
Else
    Label1.FontItalic = False
End If
End Sub
```

(7) 窗体加载事件的代码如下：

```
Private Sub Form_Load()
Combo1.AddItem 10
Combo1.AddItem 15
Combo1.AddItem 20
Combo1.AddItem 25
Combo1.AddItem 30
End Sub
```

(8) 组合框单击事件的代码如下：

```
Private Sub Combo1_Click()
Select Case Combo1.Text
  Case 10
    Label1.FontSize = 10
```

```
        Case 15
            Label1.FontSize = 15
        Case 20
            Label1.FontSize = 20
        Case 25
            Label1.FontSize = 25
        Case 30
            Label1.FontSize = 30
    End Select
End Sub
```

(9) "退出"按钮的代码如下：

```
Private Sub Command2_Click()
    End
End Sub
```

4．程序代码调试

输入程序代码后，完成程序代码的调试和修改。

四、探索与思考

本案例仅仅可以设置字体的颜色、字形和字号，添加一项设置字体的功能(比如：宋体、华文新魏等)使本案例进一步完善。

五、学生自主设计——抽奖游戏

1．设计要求

1) 基本部分——模仿

要求模仿选号抽奖方式进行游戏。程序运行中，用户先输入所选的号码，号码范围为1～10，单击"开始"按钮进行摇奖，下方开号的文本框内数字将会不停滚动，直到单击"停止"按钮。此时将会对摇出的号码与用户所选的号码进行比较，通过消息对话框告诉用户是否中奖。程序运行效果参考图5-13所示。

图 5-13

2) 拓展部分——创意设计

如果需要抽奖号码开出两个以上，则如何设计？试试看。

2．知识准备

(1) 学习使用标签(Label)控件的 Caption、Font、BackStyle、ForeColor、BackColor 等常用属性的应用。

(2) 学习使用文本框(TextBox)控件的 Text 等常用属性的应用。

(3) 学习使用按钮(CommandButton)控件的 Caption、Font、ForeColor 等常用属性的应用。

(4) 学习 MsgBox、InputBox 的应用。

(5) 学习使用 VB 标准函数 Int(N), Rnd[(N)](具体参见第 6 章案例 6-1 中的技术分析第 4 条)。

(6) 学习使用定时器(Timer)控件。

(7) 学习使用 If 语句的嵌套结构。

3．效果评价标准

请对照表 5-9 完成自主设计的效果评价。

表 5-9 效果评价表

序号	评 价 内 容	分值	自评	互评	师评
1	界面布局合理，整齐美观	20 分			
2	语句完整，语法正确，书写规范、美观	20 分			
3	程序中应有适量的注释语句，便于他人阅读程序	20 分			
4	能实现规定的功能，无异常情况	20 分			
5	加入自己的思考和拓展	20 分			
	合　　计	100 分			

4．设计小结

请将你的设计过程、设计体会、在设计过程中遇到的问题以及解决方法写在下面。

_____

_____

_____

_____

【本章小结】

本章主要通过两个简单案例的设计，让学生初步理解选择结构设计的基本思想，理解分支程序编写的一般原则，并且重点学习了单选按钮、复选框、组合框和时钟控件的使用，为后面复杂项目和综合项目的学习打下重要的基础。

第6章 循 环 结 构

在解决实际应用问题的过程中，会经常遇到需要重复执行某一种操作的情况。例如，计算一个班级 50 个学生每个人的总分、平均分。在这种情况下，由于人数太多，如果采用前面学习过的顺序结构编写程序，程序将会非常冗长。这时可以使用 Visual Basic 提供的循环控制语句来解决。

所谓循环，指的是对同一程序段重复执行若干次，被重复执行的部分称为循环体。实现循环的程序结构称为循环结构。循环结构的应用使得大量重复的工作变得更容易，提高了编程效率。

循环结构又分为当型循环结构与直到型循环结构，前者是先进行条件判断；后者是先执行一次要重复执行的程序段或语句，再进行条件判断。

Visual Basic 提供了 3 种循环语句来实现循环：For…Next、While…Wend 和 Do…Loop。

学习目标：

(1) 掌握 For…Next 循环语句。
(2) 掌握 While…Wend 和 Do…Loop 循环语句。
(3) 掌握循环结构的嵌套。
(4) 建立循环结构程序设计的概念。
(5) 能够利用循环语句编写程序以解决实际问题。
(6) 掌握 Int 和 Rnd 函数的使用。
(7) 掌握绘图的 Circle 方法的使用。

【案例 6-1】 累 加 器

一、案例效果

本案例利用循环结构的特点，使用 For…Next 循环语句，求 N～M 之间的所有整数的和，程序效果如图 6-1 所示。

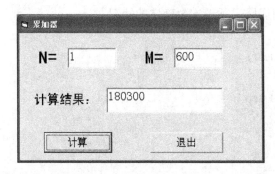

图 6-1

二、技术分析

1. For…Next 循环语句

1) For…Next 语句的格式

For 循环变量=初值 To 终值 [Step 步长值]

    [循环体]

Next [循环变量]

2) For…Next 语句的功能

根据 For 语句中循环变量所给定的初值、终值和步长，来确定循环的次数，重复执行循环体内各语句。

3) 执行过程

For…Next 语句遵循"先检查，后执行"的原则。

执行 For 语句时，首先计算初值、终值和步长各数值型表达式的值，再将初值赋给循环变量，然后将循环变量的值与终值进行比较，如果循环变量的值没有超出终值，则执行循环体语句，否则执行 Next 下面的语句。

执行 Next 语句时，将循环变量的值与步长值相加，再赋给循环变量，然后将循环变量的值与终值进行比较，如果循环变量的值没有超出终值，则执行循环体语句，否则执行 Next 下面的语句。

4) 使用说明

(1) For 语句与 Next 语句必须成对出现，缺一不可。在 Next 语句中，循环变量可以省略，但如果出现，要与 For 语句中的循环变量相一致。

(2) 若步长值为正数，则循环变量的值大于终值时为超出；若步长值为负数，则循环变量的值小于终值时为超出。

(3) 步长只能是正值或负值，步长不能为零，否则循环会永不停止，即产生死循环，此时可按"Ctrl+Break"键，强制终止程序的运行。当步长为1时，Step 1 可以省略。

(4) 循环变量的初值、终值和步长可以为常量、变量或表达式，但不能是数组的数组元素(关于数组的知识具体参见第7章)。

(5) 在循环体语句中可以加入 Exit For 语句，执行该语句后会强制程序脱离循环，执行 Next 下面的语句。Exit For 语句通常放在选择结构语句之中使用。

(6) For…Next 语句适用于循环次数确定的情况。

例如：

```
Private Sub Form_click()
        Sum=0
        For i=1    to 10 step 1
         Sum=Sum+2
        Next i
        Print Sum
End Sub
```

上面的语句段演示了 For…Next 语句的应用。程序中对变量 Sum 进行累加求和。

2. While…Wend 循环语句

1) While…Wend 语句的格式

While   条件

   [循环体]

Wend

2) While…Wend 语句的功能

While…Wend 语句的功能是，当条件成立时，则重复执行循环体语句，直到条件不成立时，才终止循环，执行 Wend 后面的语句。

3) 执行过程

While…Wend 语句也遵循"先检查，后执行"的原则。

首先判断条件是否成立，如果成立，则执行循环体语句，然后再判断条件是否成立，如果仍然成立，则重复执行上述操作；如果条件不成立，则不执行循环体，转去执行 Wend 语句的下一条语句。

4) 使用说明

(1) While 语句与 Wend 语句必须成对出现，缺一不可。

(2) 在 While 语句之前，要准备好初始条件，以提供给第一次检测"条件成立与否"使用。在循环体内，要有改变条件的有关语句，以便在适当的时候(如不满足条件)退出循环。

(3) While…Wend 语句适用于循环次数不确定的情况。

例如：

```
Private Sub Form_click()
```

```
        Sum=0:i=1
        While   i<=10
            Sum=Sum+2
            i=i+1
        Wend
        Print Sum
End Sub
```

上面的语句段演示了 While…Wend 语句的应用。程序中对变量 Sum 进行累加求和。

3．Do…Loop 循环

Do…Loop 循环有两种形式：直到型循环和当型循环。

1）当型 Do…Loop 循环

当型 Do…Loop 循环语句是先判断条件，再执行循环体语句序列中的语句。使用格式如下：

```
Do   [While|Until] 条件
    循环体语句
Loop
```

选择关键字 While 时，当条件成立时，重复执行循环体语句；当条件不成立时，退出循环，转去执行 Loop 后面的语句。

选择关键字 Until 时，当条件不成立时，重复执行循环体语句，直到条件成立时，退出循环，转去执行 Loop 后面的语句。

在循环体语句中可以使用 Exit Do 语句，它的作用是退出该循环，它一般用于循环体语句中的判断语句。

例如：

```
Private Sub Form_click()
        Sum=0:i=1
        Do While   i<=10
            Sum=Sum+2
            i=i+1
        Loop
        Print Sum
End Sub
```

上面的语句段演示了 Do   While…Loop 语句的应用。程序中对变量 Sum 进行累加求和。

2）直到型 Do…Loop 循环

直到型 Do…Loop 循环语句是先执行循环体语句中的语句，再判断条件。使用格式如下：

```
Do
    循环体语句
Loop   [While|Until] 条件
```

例如：

```
Private Sub Form_click()
    Sum=0:i=1
    Do
        Sum=Sum+2
        i=i+1
    Loop    Until i>10
    Print Sum
End Sub
```

上面的语句段演示了 Do…Loop Until 语句的应用。程序中对变量 Sum 进行累加求和。

4．Visual Basic 标准函数

本案例中主要涉及表 6-1 所列的两个标准函数。

表 6-1   本案所涉及的标准函数

函数名	函数值类型	功　　能	举　　例
Int(N)	Integer	求不大于 N 的最大整数	Int(3.8)=3, Int(-3.8)=-4
Rnd[(N)]	Single	求 0～N 之间的一个随机小数，N>=0，即产生包括 0，不包括 N 的随机小数，无参数时产生 0～1 之间的随机小数	Rnd(10) 产生一个 0～10 之间的随机小数，不包括 10

使用说明：

(1) 在使用随机函数 Rnd 以前通常要加一条无参数的随机种子语句 Randomize，利用它来初始化随机数发生器，否则在程序运行时会出现重复的有序随机数。

(2) 产生 n～m 范围(包括整数 n 和 m)随机整数的式子有如下两种形式：

Int(Rnd*(m−n+1))+n

Int(Rnd*(m−n+1)+n)

例如，产生两位数随机整数的式子是：

Int(Rnd*90)+10 或 Int(Rnd*90+10)

产生[12,57]范围内随机整数的式子是：

Int(Rnd*46)+12 或 Int(Rnd*46+12)

5．绘图方法

Visual Basic 中，可以在窗体及图片框等对象中绘图，并且其提供了多种可以在对象中绘图的方法。

下面我们首先来学习绘图的 Circle 方法的使用。

Circle 方法可用于画圆、椭圆、圆弧和扇形，使用格式如下：

Object.Circle [Step] (x ,y) ,半径 [, 起始角] [, 终止角] [长短轴比率]

此方法将在窗体或图片框中，以(x, y)为圆心坐标，以 r 表示圆的半径(单位为点)，绘制一个图形。

关键字 Step 表示采用当前作图位置的相对值。圆弧和扇形通过参数起始角、终止角来控制。当起始角、终止角取值在 0~2π 时为圆弧；当起始角、终止角取值前加负号时画出扇形，负号表示画圆心到圆弧的径向线。椭圆通过长短轴比率控制，默认值为 1，即画圆。

例如：

Form1.Circle (5000,5000) ,2000

该语句表示以(5000,5000)为圆心坐标，以 2000 为圆的半径，在窗体上绘制一个圆。

三、操作步骤

1．创建程序界面

新建一个"标准 EXE"工程，按照图 6-2 所示在 Form1 窗体上添加 3 个标签控件、3 个文本框控件和 2 个命令按钮控件。

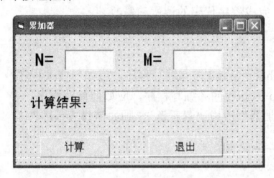

图 6-2

2．设置对象的属性

按表 6-2 设置对象的属性。

表 6-2　设置对象属性

对象名称	Caption 值	对象名称	Caption 值	对象名称	Text 值
Form1	累加器	Command1	计算	TextBox1	0
Label1	N=	Command2	退出	TextBox2	0
Label2	M=	Label3	计算结果：	TextBox3	0

3．程序代码编辑

在程序代码窗口中输入下面的代码。

(1) 窗体 Form1 中按钮 Command1 的程序代码如下：

```
Private Sub Command1_Click()
Dim N As Integer, M As Integer, K As Integer, SUM As Long
        N = Text1.Text
        M = Text2.Text
```

```
        SUM = 0                          '给变量 SUM 赋初值 0
        For K = N To M
            SUM = SUM + K                 '累加语句，进行变量 K 的累加运算
        Next K
        Text3.Text = SUM                  '显示计算结果
    End Sub
```

(2) 窗体 Form1 中按钮 Command2 的程序代码如下：

```
Private Sub Command2_Click()
        Unload Me                         '卸载当前窗体，退出程序
End Sub
```

4．程序代码调试

输入程序代码后，完成程序代码的调试和修改。

四、探索与思考

(1) 如果要使用 While…Wend 语句编写程序，应如何修改程序？

(2) 如果要使用 Do…Loop 循环编写程序，应如何修改程序？

(3) 如果要将"累加器"改成"累乘器"，则如何修改程序？

五、学生自主设计——画圆

1．设计要求

1) 基本部分——模仿

要求程序运行后，单击窗体，在窗体上画 50 个不同大小的圆，色彩也不同，窗体的画面参考图 6-3 所示。

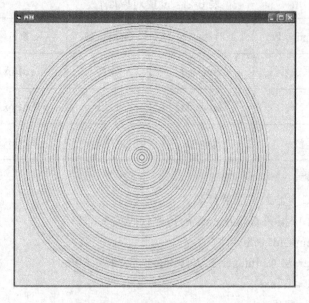

图 6-3

2) 拓展部分——创意设计

如何在窗体上画出 50 个大小不同，色彩也不同的椭圆？试试看。

2．知识准备

(1) 理解循环结构，学习使用 For…Next 语句编写程序。

(2) 学习使用 VB 标准函数：Int(N),Rnd[(N)]。

(3) 学习使用 VB 绘图方法：Circle 方法。

3．效果评价标准

请对照表 6-3 完成自主设计的效果评价。

表 6-3　效 果 评 价 表

序号	评 价 内 容	分值	自评	互评	师评
1	界面布局合理，整齐美观	20 分			
2	语句完整，语法正确，书写规范、美观	20 分			
3	程序中应有适量的注释语句，便于他人阅读程序	20 分			
4	能实现规定的功能，无异常情况	20 分			
5	加入自己的思考和拓展	20 分			
合　　计		100 分			

4．设计小结

请将你的设计过程、设计体会、在设计过程中遇到的问题以及解决方法写在下面。

_____

_____

_____

_____

【案例 6-2】 九九乘法表

一、案例效果

本案例利用 For…Next 循环结构嵌套，外循环的循环变量用来产生被乘数，内循环的循环变量用来产生乘数，打印出九九乘法表，程序效果如图 6-4 所示。

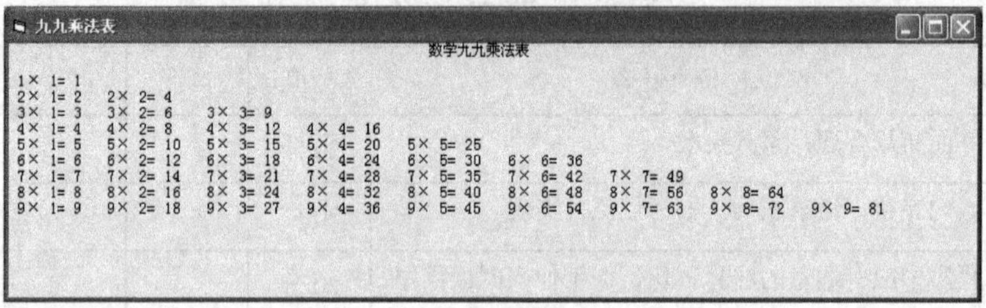

图 6-4

二、技术分析

1. 循环结构的嵌套

案例 6-1 中介绍的各类循环语句，循环体内没有另外的循环结构，这是最简单的循环，称为单重循环。如果一个循环结构的循环体内又包含了其他循环结构，则称为"循环的嵌套"，也叫多重循环。例如：

```
Private Sub Form_click()
    For  i=1  to  10
        T=1
        For j=1  to  i
            T=T*j
        Next j
        Print   T
    Next i
End Sub
```

外层的叫外循环，内层的叫内循环，有几层嵌套就叫几重循环。For…Next 循环中可以包含一个或多个 For…Next、While…Wend 或 Do…Loop 循环，在 While…Wend 和 Do…Loop 循环中同样如此。

2. 多重循环的执行过程

多重循环是一种层次结构，它的执行过程也是分层进行的。以上面的程序为例，该程序是一个 For…Next 二重循环。i 为外循环的循环变量，控制着外循环的循环次数；j 为内循环的循环变量，控制着内循环的循环次数。

程序执行过程如下所述：

(1) 外循环的循环变量 i 取初值 1。

(2) 判断外循环控制条件，当条件成立时，执行循环体，即外循环的循环体，否则转向步骤(7)。

(3) 内循环变量 j 赋初值 1。

(4) 判断内循环控制条件是否成立，若成立，则执行内循环体语句，否则转向步骤(6)。

(5) 内循环变量增加步长值，即 j=j+1，然后返回到步骤(4)执行。

(6) 外循环变量增加步长值，即 i=i+1，然后返回到步骤(2)执行。

(7) 退出外循环，执行外循环的下一条语句。

总之，二重循环的执行过程的特点是：每当外循环变量的值改变一次，内循环变量的值都要重新取初值，重新循环一遍。

3. 多重循环的使用说明

(1) 内循环与外循环的循环变量名不能相同，否则将引起程序运行的混乱。例如：

```
For   A=1  to  10
    For  A=5  to  1   step  -1
        …
    Next   A
Next   A
```

(2) 外循环一般可以包括内循环和其他语句，但是内循环必须完全在外循环的循环体内，内外循环不能互相交叉，例如：

```
For   A=1  to  10
    For  B=5  to  1  step  -1
        …
    Next   A
Next   B
```

(3) 在多重循环中，当两个 NEXT 语句临接时，可将两个 NEXT 语句写成一个，内循环变量必须写在前面，外循环变量写在后面，中间用逗号间隔。下面两程序段是等效的：

```
       程序段 1                      程序段 2
    For  i=1  to  5              For  i=1  to  5
        For  j=1  to  6              For  j=1  to  6
        Print  i+j;                  Print i+j;
        Next  j                      Next  j,i
    Next  i
```

(4) 在书写多重循环时，为使结构更加清晰，可使层次相同的部分左对齐，内层循环体都向右缩进若干个字符，这样会增加程序的可读性。

4. 字符串连接

字符串连接是将两个或多个字符串连接成一个字符串，字符串的连接运算符为 "+"，它的作用是把"+"运算符两侧的字符串连接在一起。例如：

Private Sub Form_click()

    DIM A AS string, B AS string, C AS string

    A="I am"

    B="a student!"

    C=A+B

    Print C

End Sub

程序的运行结果为：

I am a student!

注意：

(1) 两个字符串在合并时，应确定是否需要预留首尾空格。如果不留空格，连接后的字符串两个单词之间就无空格相隔了。

(2) 连接运算符两侧的连接对象不可随意调换，否则结果就完全不同。上例中"A+B"若改为"B+A"，则程序的运行结果变为：a student! I am

(3) 如果"+"两侧是数值量，此时"+"号按加号处理；如果"+"两侧是字符串数据，则"+"号按字符串运算符连接处理。

三、操作步骤

1．创建程序界面

新建一个"标准 EXE"工程，参照图 6-5 所示对空白窗体 form1 的高度和宽度进行适当调整。

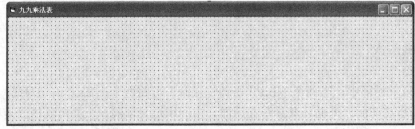

图 6-5

2．设置对象的属性

本案例中只用到 1 个窗体对象，按表 6-4 设置窗体的属性。

表 6-4　设置窗体的属性

对象名称	Caption 值	Height 值	Width 值
Form1	九九乘法表	3615	12285

3．程序代码编辑

在程序代码窗口中输入下面的代码：

```
Private Sub Form_Click()
        Dim n1 As Integer, n2 As Integer          '声明变量 N1 和 N2 为整形变量
        Print Tab(60); "数学九九乘法表"            '设置标题 "数学九九乘法表"
        Print                                     '换行
        FontSize = 10                             '设置 "数学九九乘法表" 文字的大小
        ForeColoe = RGB(0, 125, 0)                '设置 "数学九九乘法表" 文字的颜色
        For n1 = 1 To 9
          For n2 = 1 To n1
              Print Tab(n2 * 12−12); Str$(n1) + "×" + Str$(n2) + "="+Str$(n1 * n2);
          Next n2
          Print                                   '每显示完一行后换行
        Next n1
End Sub
```

4. 程序代码调试

输入程序代码后，完成程序代码的调试和修改。

四、探索与思考

(1) 如果在窗体被载入时显示画面，则如何修改程序？

(2) 如果将标题文字 "数学九九乘法表" 左对齐显示，则如何修改程序？

五、学生自主设计——打印图案

1. 设计要求

1) 基本部分——模仿

要求程序进行后，可以按用户输入的字符和数值，在窗体上打印出由字符构成的三角形和菱形，画面参考图 6-6 所示。

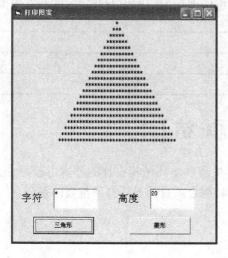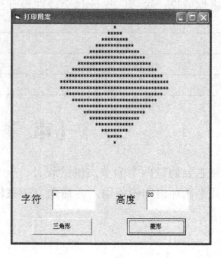

图 6-6

2) 拓展部分——创意设计

打印的图案还可以再变吗？如何控制图案的颜色？试试看。

2．知识准备

(1) 学习使用标签(Label)控件的 Caption、Font、BackStyle、ForeColor、BackColor 等常用属性的应用。

(2) 学习使用文本框(TextBox)控件的 Text 等常用属性的应用。

(3) 学习使用按钮(CommandButton) 控件的 Caption、Font、ForeColor 等常用属性的应用。

(4) 学习使用 Visual Basic 标准函数：Val(C)。

(5) 理解循环结构的嵌套，学习使用 For…Next 双重循环语句编写程序。

(6) 理解双重循环的文本作图思想。

3.效果评价标准

请对照表 6-5 完成自主设计的效果评价。

表 6-5　效 果 评 价 表

序号	评 价 内 容	分值	自评	互评	师评
1	界面布局合理，整齐美观	20 分			
2	语句完整，语法正确，书写规范、美观	20 分			
3	程序中应有适量的注释语句，便于他人阅读程序	20 分			
4	能实现规定的功能，无异常情况	20 分			
5	加入自己的思考和拓展	20 分			
合　　计		100 分			

4．设计小结

请将你的设计过程、设计体会、在设计过程中遇到的问题以及解决方法写在下面。

_____

_____

_____

_____

【本 章 小 结】

本章主要通过两个简单案例的设计，让学生理解循环结构设计的基本思想，并且重点学习了几个循环语句的使用，为后面复杂案例和综合项目的设计打下重要的基础。

第7章　　数　　组

数组结构是一种特殊的数据组织方式。数组是按一定顺序排列且具有相同性质的变量的集合。数组代表的是一批有内在联系的变量,也称数组元素,而数组的引用需要用下标来完成。

学习目标:

(1) 掌握一维数组的概念、定义方法与运用方法。
(2) 掌握二维数组的概念、定义方法与运用方法。
(3) 掌握控件数组的概念及运用方法。
(4) 掌握列表框的使用。

【案例 7-1】 简易成绩统计系统

一、案例效果

本案例是一个简易成绩统计系统，程序界面如图 7-1 所示。选择好科目后，在"录入"按钮后的文本框中输入一学生成绩，并单击"录入"按钮，录入的成绩就会在下边的列表框中出现。对所录入的成绩我们可以进行清空、删除、修改等操作，在确保所有输入的成绩正确后需要按"确认"按钮，这时可以点击"100 分以上"、"90～99 分"等命令按钮，在点击这些命令按钮后可以在"统计结果"后的文本框中看到相应的结果，同时标签"统计结果"也会跟着变化，变化的内容与命令按钮上的提示内容保持一致。

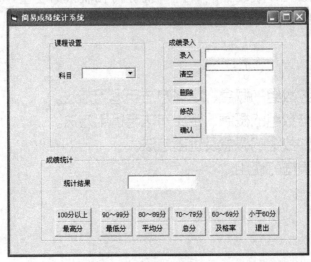

图 7-1

二、技术分析

1．数组的概念

在实际应用中，经常需要处理一批相互有联系、有一定顺序、同一类型并具有相同性质的数据。通常把这样的数据或变量叫数组。数组是由一组具有相同数据结构的元素组成的有序的数据集合。

组成数组的元素统称为数组元素。数组用一个统一的名称来标识这些元素，这个名称就是数组名。数组名的命名规则与简单变量的命名规则一样。

数组中，对数组元素的区分用数组下标来实现，数组下标的个数称为数组的维数。

有了数组，就可以用同一变量名来表示一系列的数据，并用一个序号(下标)来表示同一数组中的不同数组元素。

例如：数组 s 有 6 个数组元素，则可表示为 s(1)、s(2)、s(3)、s(4)、s(5)、s(6)，它由数

组名称和括号内的下标组成，下标可以是常量、变量和数值表达式。

在 Visual Basic 中，根据数组占用内存方式的不同，可以将数组分为常规数组和动态数组两种类型。常规数组是数组元素个数不可改变的数组，动态数组是数组元素个数可以改变的数组。数组的下标变量一定要在定义了数组后才可以使用。另外，根据数组的维数，还可以将其分为一维数组、二维数组和多维数组。

2. 数组的定义

常规数组是大小固定的数组，也就是说，常规数组中包含的数组元素的个数不变，它总是保持同样的大小，占有的存储空间也保持不变。

定义常规数组通用的语句格式及功能如下：

Dim 数组名[(维数定义)][As 数据类型]……

说明：

(1) 维数定义：下标变量中的下标个数称为数组的维数，当它被省略时是指创建了一个无下标的空数组。

维数定义的格式如下：

[下界 1 To] 上界 1 [, [下界 2 To] 上界 2]……

其中，一组"下界 To 上界"表达式即定义了数组的一维，有几项"下界 To 上界"表达式就表示定义了几维数组。"下界"和"上界"表示该维的最小和最大下标值，通过关键字 To 连接起来代表下标的取值范围。下界和关键字 To 可以省略，省略后则等效于"0 To 上界"，下标的下界默认值为 0。下界和上界可以使用数值常量或符号常量。

(2) 数据类型：用来定义数组下标变量的数据类型，可以定义所有数据类型。当它省略时，则相当于定义了一个变体(Variant)数据类型。

(3) Dim 语句不但能定义说明数组，分配数组存储空间，而且还能将数组进行初始化，使得数值型数组元素值初始化为零，字符型数组的元素值初始化为空字符串。Dim 语句本身不具备再定义功能，即不能直接使用 Dim 语句对已经定义了的数组进行再定义。

(4) 一维数组定义举例。

① Dim P(10) As Integer

该语句定义了一个名称为 P 的一维整型数组，它有 11 个元素：P(0)、P(1)……P(10)，它们的初始值都为 0。

② Dim s(1 To 5) As Double

该语句定义了一个名称为 s 的一维双精度型数组，它有 5 个元素：s(1)、s(2)……s(5)，它们的初始值都为 0。

(5) 二维数组定义举例。

① Dim A(2,2) As Integer

该语句定义了一个名称为 A 的二维整型数组，它有 3×3 个元素：A(0,0)、A(0,1)、A(0,2)、A(1,0)、A(1,1)、A(1,2)、A(2,0)、A(2,1)、A(2,2)，它们的初始值都为 0。

② Dim N(2,1 To 3) As Integer

该语句定义了一个名称为 N 的二维整型数组，它有 3×3 个元素：N(0,1)、N(0,2)、N(0,3)、N(1,1)、N(1,2)、N(1,3)、N(2,1)、N(2,2)、N(2,3)，它们的初始值都为 0。

(6) 可以在一个数组中包含其他已经定义过的数组，被包含的数组类型一般应与该数组类型一样，但变体型数组除外。

(7) 可以使用 Option Base n 语句重新设定数组的下界默认值，其中 n 为 0 或 1，表示数组下界的数值。Option Base n 语句只能用于模块级，即在所有函数/过程的外部。

例如：

Option Base 1
   ⋮
Dim N(5,5) As　Integer

这里，默认的数组下标的下界被设置为 1。

(8) 使用下标变量时，可以完全像使用简单变量那样进行赋值和读取，下标变量的下标可以是常量、变量和数值型表达式(长整型数据)。

(9) 多维数组的定义方法类似于二维数组，有兴趣的读者可以参见其他学习资料。

3．数组元素的引用

我们可以把每一个数组元素当成一个变量来引用，只是这个"变量"采用数组元素的表示形式来表示。

例如：f(1)=f(2)+f(3)，该语句表示将数组元素 f(2)的值与数组元素 f(3)的值相加，并将结果赋给数组元素 f(1)。

4．动态数组

动态数组是在程序的执行过程中，数组元素的个数不固定，其上下界和维数可以变化的数组。

动态数组在程序的执行过程中才给数组开辟存储空间，在程序未运行时，动态数组不占用内存。

当不需要动态数组时，还可以用 Erase 语句删除它，收回分配给它的存储空间，还可以用 ReDim(或 Dim)语句再次分配存储空间。

格式：ReDim　[Preserve]　数组名[(维数定义)][As　数据类型]…

功能：创建动态数组。

说明：

(1) 创建动态数组时上界和下界可以是常量和变量(有确定值)。

(2) 可使用 ReDim 语句多次改变数组的数组元素个数和维数，但不能改变它的数据类型。

(3) 如果重新定义数组，则会删除它原有数组元素中的数据，并将数值型数组元素全部赋 0，将字符型数组元素全部赋空串。如果要想在数组重定义后不删除原有数据，应在定义数组时增加 Preserve 关键字，但是使用 Preserve 关键字后，只能改变最后一维的大小，而且只可以改变上界，不可以改变数组的维数。

(4) 可以使用带空小括号的 Dim 语句来定义动态数组，不指定数组的大小。在程序的执行过程中，可以使用 ReDim 语句来修改数组的大小和数组的上下界。例如：

Dim　f( )　As　Integer
   ⋮
   ReDim f(30)

5．列表框

列表框(ListBox)用来以选项列表形式显示一系列选项，并可从中选择一项或多项。如果列表框中有较多的选项，超出列表框长度的区域不能一次全部显示，则列表框将会自动加上滚动条以方便滚动查看。列表框最主要的特点是只能从中选择，不能直接写入或修改其内容。如果需要修改列表项，则可以用程序代码来实现。

列表框有 3 种风格：单列列表框、带复选框的单列列表框和多列列表框，如图 7-2 所示。

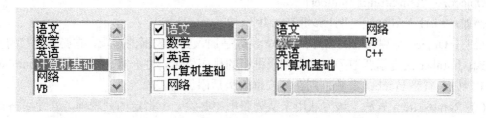

图 7-2

1) 列表框的特殊属性

列表框除了具有一般控件的基本属性外，还具有自己特殊的属性。

(1) Columns 属性。该属性返回或设置一个值，用来决定 ListBox 控件是单列列表框还是多列列表框。

当该属性设置为 0 时，列表项垂直滚动，所有列表项安排在一列中显示，被称为单列列表框。

当该属性设置为大于 0 时，列表项水平滚动，列表项将被安排在多个列中显示，被称为多列列表框。

该属性既可以在设计状态下设置，也可以在程序运行中设置，但不可以在程序运行时将多列列表框变为单列列表框或将单列列表框变为多列列表框。

(2) List 属性。该属性用来返回或设置列表框控件对象中指定的列表项字符串，格式为
Object.List (Index)=String

例如：List1.List(0)＝"计算机专业办"

List 属性是一个字符型数组，每一个列表项都是这个数组中的一个元素，每个列表项都是一个字符型数据。Index 表示列表框控件中指定列表项的序号。String 表示一个列表项的字符。

List 属性既可以在设计状态下设置，也可以在程序代码中设置或引用。在设计时，可以通过该属性为列表框添加列表项。

(3) ListCount 属性。该属性表示列表框中列表项的数量，其值为一个整数。第一个列表项的序号为 0，最后一个列表项的序号为 ListCount−1 值。ListCount 属性只能在程序运行时设置或引用。

(4) ListIndex 属性。该属性表示执行时选中的列表项序号，其值为整数。如果没选中任何项，则 ListIndex 的值为−1。该属性只能在程序运行时设置或引用。

(5) NewIndex 属性。该属性返回最近一次添加到列表框中的列表项的索引，只在运行时可用，且为只读属性。

(6) Text 属性。该属性的值为被选中的列表框中列表项的文本内容，是控件的默认属性，只能在程序中设置或引用。

(7) Style 属性。该属性的值用于决定列表框的风格，在运行时是只读的。其值为 0 时，列表框为标准风格；其值为 1 时，列表框为复选框样式。

2) 列表框的方法

(1) AddItem 方法。该方法用来为指定的列表框添加新的列表项，其使用格式为

Object.AddItem String [,number]

例如：List1.AddItem   "计算机专业办"

说明：Object 是列表框的名称；String 参数是加入到列表框的选项，它必须是字符型的表达式；number 决定了新增列表项在列表框中的排序位置。对于第一个列表项，number 的值为 0。如果省略 number 参数，则在列表框的最后添加列表项。

(2) RemoveItem 方法。该方法用来从列表框中删除一个指定的列表项。其使用格式为

Object.RemoveItem number

例如：List1.RemoveItem 3

说明：Object 是列表框的名称；number 参数是被删除列表项在列表框中的位置，对于第一个列表项，number 的值为 0。

(3) Clear 方法。该方法用来清除列表框中的所有内容。

3) 列表框的事件

列表框拥有的基本事件有：Click(单击事件)、DblClick(双击事件)和 Scroll(滚动事件)。

三、操作步骤

1．创建程序界面

启动 Visual Basic 6.0，新建一个"标准 EXE"工程，并在窗体上添加 3 个框架、2 个标签、1 个组合框、2 个文本框、1 个列表框和 17 个命令按钮，其布局如图 7-3 所示。

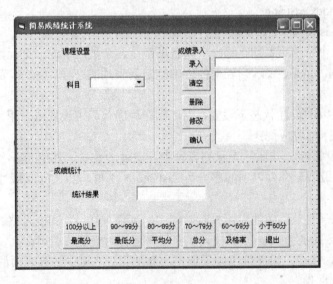

图 7-3

2．属性的设置与修改

请按表 7-1 所列设置窗体中各对象的属性。

表 7-1　设置对象的属性

对　象	对象名称	属　性	属　性　值
窗体	Form1	Caption	简易成绩统计系统
框架	Frame1	Caption	课程设置
	Frame2	Caption	成绩录入
	Frame3	Caption	成绩统计
标签	Label1	Caption	科目
	Label2	Caption	统计结果
组合框	Combo1	Text	(空值)
文本框	Text1	Text	(空值)
	Text2	Text	(空值)
列表框	List1	List	(空值)
命令按钮	Command1	Caption	录入
	Command2	Caption	删除
	Command3	Caption	修改
	Command4	Caption	清空
	Command5	Caption	退出
	Command6	Caption	100 分以上
	Command7	Caption	90～99 分
	Command8	Caption	80～89 分
	Command9	Caption	70～79 分
	Command10	Caption	60～69 分
	Command11	Caption	小于 60 分
	Command12	Caption	确认
	Command13	Caption	总分
	Command14	Caption	平均分
	Command15	Caption	及格率
	Command16	Caption	最高分
	Command17	Caption	最低分

3. 程序代码编辑

在程序代码窗口中输入下面的代码：

```
Dim shuzu()        As Single
'shuzu()为动态数组
'changdu  表示数组的长度变量
Dim changdu       As Integer


Private Sub Command1_Click()                    '录入学生成绩
      List1.AddItem Text1.Text
      Text1.Text = ""
      Text1.SetFocus
End Sub


Private Sub Command12_Click()                   '确认完成成绩录入
    changdu = List1.ListCount
    ReDim shuzu(changdu) As Single
    For i = 0 To changdu - 1
      shuzu(i) = Val(List1.List(i))
    Next i
    MsgBox Space(16) & "成绩录入已经完成！" & Chr(13) & Chr(10) & "--------------------"
& Chr(13) & Chr(10) & "如果您还想修改成绩，那么在您修改后请再次单击"确认"按钮！", 48
+ vbOKOnly, "提示信息！"
    End Sub


Private Sub Command2_Click()                    '删除列表框中指定的内容
    Dim n As Integer
    n = List1.ListIndex
    List1.RemoveItem (n)
    End Sub


Private Sub Command4_Click()                    '清除列表框的全部内容
      List1.Clear
    End Sub


Private Sub Command5_Click()                    '退出
    End
    End Sub
```

```
Private Sub Command6_Click()                    '统计 100 分以上的人数
Dim a       As Integer, b As Integer
    b = 0
    For a = 0 To changdu - 1
        If shuzu(a) >= 100 Then
            b = b + 1
        End If
    Next
        Label2.Caption = "100 分以上的人数"
    Text2.Text = b
End Sub


Private Sub Command7_Click()                    '统计 90～99 分的人数
Dim a       As Integer, b As Integer
    b = 0
    For a = 0 To changdu－1
        If shuzu(a) >= 90 And shuzu(a) <= 99 Then
            b = b + 1
        End If
    Next
    Label2.Caption = "90～99 分的人数"
    Text2.Text = b
End Sub
Private Sub Command11_Click()                   '统计 60 分以下的人数
Dim a As Integer, b As Integer
    b = 0
    For a = 0 To changdu - 1
        If shuzu(a) < 60 Then
            b = b + 1
        End If
    Next
        Label2.Caption = "小于 60 分的人数"
    Text2.Text = b
End Sub
```

4．程序代码调试

输入程序代码后，完成程序代码的调试和修改。

四、探索与思考

(1) 完成本案例中还没有实现的按钮功能。

(2) 如果再增加一个组合框实现"班级"选择功能，则如何修改程序？

五、学生自主设计——斐波纳契数列

1．设计要求

1) 基本部分——模仿

模仿本案例设计一个课时统计系统。要求能够统计出课时不足 160 节的人数、160～180 节的人数、200 节以上的人数、最多课时数、最少课时数。程序界面设计可参照图 7-4 所示。

图 7-4

2) 拓展部分——创意设计

一对兔子出生两个月后，每个月会生一对小兔子，小兔子从第 2 个月起也可以生一对小兔子，30 个月后，共有多少对兔子？这就是数学上有名的斐波纳契数列，请用程序来计算出斐波纳契数列。程序界面设计可参照图 7-5 所示。

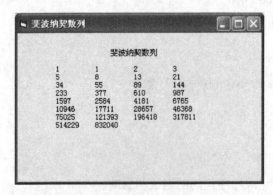

图 7-5

2．知识准备

要完成自主设计内容，需掌握以下知识：

(1) 数组在程序设计中的运用。

(2) 选择结构和循环结构的运用。

(3) 标签、文本框、按钮控件的使用。

(4) 组合框、列表框的运用。

3．评价标准

请对照表 7-2 完成自主设计的效果评价。

表 7-2　效 果 评 价 表

序号	评 价 内 容	分值	自评	互评	师评
1	界面布局合理，整齐美观	20 分			
2	语句完整，语法正确，书写规范、美观	20 分			
3	程序中应有适量的注释语句，便于他人阅读	20 分			
4	能实现规定的功能，无异常情况	20 分			
5	加入自己的思考和拓展	20 分			
合　　计		100 分			

4．设计小结

请将你的设计过程、设计体会、在设计过程中遇到的问题以及解决方法写在下面。

【案例 7-2】 数 制 转 换

一、案例效果

要求能对输入的数据进行数制转换，程序运行界面如图 7-6 所示。先在"请输入十进制数："后的文本框中输入一个十进制数，当按下"转换"按钮时，程序将根据单选按钮选择的进制进行转换，并将结果用复选项的颜色显示在"结果显示："后面的文本框中。

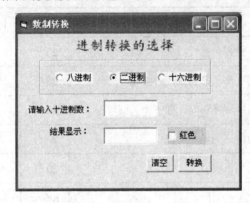

图 7-6

二、技术分析

控件数组由一组相同类型的控件组成，它们共用一个相同的控件名称，即"名称"属性相同。当建立控件数组时，系统给每个控件赋予了一个唯一的索引号(Index)，即数组下标，数组下标值由 Index 属性指定。通过"属性"窗口的 Index 属性，可以知道该控件的下标是多少，第一个下标是 0。也就是说，控件数组的名字由"名称"属性指定，而数组中的每个元素则由 Index 属性指定。与普通数组一样，控件数组的下标也在圆括号中。

例如：控件数组 cmd(3)表示名称为 cmd 的控件数组中的第 4 个元素。可以在设计阶段改变控件数组元素的 Index 属性，但不能在运行时改变。

1. 控件数组的创建

控件数组有多种创建方法。

(1) 通过进行复制、粘贴建立。在窗体上创建一个控件对象，可进行控件名的属性设置，这是创建的第一个控件数组元素。选中该控件对象，将选中的控件对象复制到剪贴板中。

选中控件数组元素所在的窗体，再进行粘贴操作，在进行粘贴操作时，会弹出一个提示框，提示"已有了一个控件为"按钮"。创建一个控件数组吗？"。

单击"是"按钮后，就建立了一个控件数组元素；单击"否"按钮，则放弃创建控件数组的操作，只是粘贴了一个控件对象。

再进行若干次粘贴操作，就建立了所需个数的控件数组元素。

(2) 通过给控件对象命名时建立。在窗体上创建作为数组元素的各个控件对象。

单击要包含到数组中的某个控件，将其激活，再进行控件名的属性设置，这是创建的第一个控件数组元素。

单击要包含到数组中的另一个控件，再在其"属性"窗口内"名称"属性栏中改变它的名称，使它的名称与第一个控件的名称一样。此时也会弹出一个如前所示的提示框。单击"是"按钮后，就建立了一个控件数组元素。重复该步骤，就建立了所需的控件数组元素。

2. 与控件数组有关的属性

(1) TabIndex 属性，获取或设置父窗体中大部分对象的 Tab 键的次序。它的取值为 0～(n–1)的整数，这里 n 是窗体中有 TabIndex 属性的控件的个数。给该属性赋一个小于 0 的值时，会产生错误。

(2) TabStop 属性，获取或设置一个值，该值用来指示是否能够使用"Tab"键来将焦点从一个对象移动到另一个对象。

当 TabStop 属性值为 True(默认)时，表示指定对象能够获得焦点；当值为 False 时；表示当用户按下"Tab"键时，将跨越该对象，虽然该对象仍然在实际的"Tab"键顺序中，按照 TabIndex 属性的决定，保持其位置。

该属性能够在窗体的"Tab"键次序上加入或删除一个控件。例如，如果要使用文本框控件对象输入文字，那么将其 TabStop 属性设置为 False，则就不能使用"Tab"键使焦点移动到该文本框上。

(3) UBound 和 Lbound 属性，返回控件数组中控件的索引上界和索引下界。

3. 控件数组的使用

同一控件数组成员共享同一个事件过程，它通过数组名和括号中的下标来引用。具体使用详见本案例操作步骤中的程序代码部分。

三、操作步骤

1. 创建程序界面

启动 Visual Basic 6.0，新建一个"标准 EXE"工程，并在窗体上添加 3 个标签、2 个文本框、1 组(3 个)单选按钮、1 个复选框和 2 个命令按钮。各控件的布局如图 7-7 所示。

图 7-7

2．设置对象的属性

请按表 7-3 所列设置窗体中各对象的属性。

表 7-3　设置对象属性

对　象	对象名称	属　性	属　性　值
窗体	Form1	Caption	数制转换
标签	Label1	Caption	进制转换的选择
	Label2	Caption	请输入十进制数
	Label3	Caption	结果显示
命令按钮	Command1	Caption	清空
	Command2	Caption	转换
文本框	Text1	Text	(空值)
	Text2	Text	(空值)
单选按钮	S1	Index	0
	S1	BackColor	&H00C0FFFF&
	S2	Index	1
	S2	BackColor	&H00C0FFFF&
	S3	Index	2
	S3	BackColor	&H00C0FFFF&
复选框	Check1	Caption	红色
	Check1	BackColor	&H00C0C0FF&

3．程序代码编辑

在程序代码窗口中输入下面的代码：

```
Private Sub Command1_Click()
    Dim x
    Dim xoct
    Dim xhex
    If s1(1).Value Then                 's1 为控件数组名
        If Text2.Text <> "" Then
            x = Val(Text2.Text)         'Val()为取值函数
        End If
        If Check1.Value = 1 Then
            xoct = Oct$(x)              'Oct$( )为转换成八进制函数
            Text1.Text = CStr(xoct)     'CStr( )为转换成字符串函数
```

```vb
                Text1.ForeColor = RGB(255, 0, 0)
            Else
                Text1.ForeColor = RGB(0, 0, 0)
            End If
        ElseIf s1(0).Value Then
            If Text2.Text <> "" Then
                x = Val(Text2.Text)
            End If
            If Check1.Value = 1 Then
                xoct = Oct$(x)
                Text1.Text = CStr(x)

                Text1.ForeColor = RGB(255, 0, 0)
            Else
                Text1.ForeColor = RGB(0, 0, 0)
            End If
        ElseIf s1(2).Value Then
            If Text2.Text <> "" Then
                x = Val(Text2.Text)
            End If
            If Check1.Value = 1 Then
                xhex = Hex$(x)                    'Hex$( )为转换成十六进制函数
                Text1.Text = CStr(xhex)
                Text1.ForeColor = RGB(255, 0, 0)
            Else
                Text1.ForeColor = RGB(0, 0, 0)
            End If
        End If
End Sub


Private Sub Command2_Click()
        Text1.Text = ""
End Sub
```

4．程序代码调试

输入程序代码后，完成程序代码的调试和修改。

四、探索与思考

(1) 在窗体上再增加一个清除"输入十进制数"后面文本框中的内容的命令按钮，使得这个命令按钮与窗体上已有的清空按钮构成控件数组。

(2) 为什么要用转换字符串函数将转换好的八进制或十六进制值再次进行转换，然后才能赋给文本框？

(3) 完成本案例中的十进制到二进制的转换功能。

五、学生自主设计——设置文字颜色

1．设计要求

1) 基本部分——模仿

要求程序运行后，在屏幕的中央显示一个窗体，窗体的画面参考图 7-8 所示。要求在文本框中输入文字，当点击红色单选按钮时，所输入的文字以红色显示，当点击蓝色单选按钮时，所输入的文字以蓝色显示，其他类似。

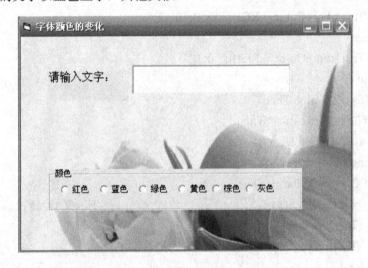

图 7-8

2) 拓展部分——创意设计

要求在文本框中输入文字，当点击红色单选按钮时，所输入的文字以红色显示，当点击蓝色单选按钮时，所输入的文字以蓝色显示，其他类似，同时让每种颜色对应一种字体和字号。

2．知识准备

要完成自主设计内容，需掌握以下知识：

(1) 控件数组的运用。

(2) 选择结构的运用。

(3) 标签、文本框、单选按钮的使用。

3．评价标准

请对照表 7-4 完成自主设计的效果评价。

表 7-4　效 果 评 价 表

序号	评 价 内 容	分值	自评	互评	师评
1	界面布局合理，整齐美观	20 分			
2	语句完整，语法正确，书写规范、美观	20 分			
3	程序中应有适量的注释语句，便于他人阅读	20 分			
4	能实现规定的功能，无异常情况	20 分			
5	加入自己的思考和拓展	20 分			
合　　计		100 分			

4. 设计小结

请将你的设计过程、设计体会、在设计过程中遇到的问题以及解决方法写在下面。

_____

_____

_____

_____

【本 章 小 结】

本章通过几个简单的案例制作，介绍了 Visual Basic 6.0 的常规数组、控件数组在程序设计中的具体应用，同时将其与选择结构、循环结构的语句结合使用，进一步提高学生编写程序的能力，对后面章节的学习有很大的帮助。

第8章 菜单与工具栏设计

菜单(Menu)是应用程序界面中不可缺少的元素，它用于给命令进行分组，使用户能够更方便、更直观地访问这些命令。而工具栏则为用户提供了对于应用程序中最常用的菜单命令的快速访问，进一步增强了应用程序的菜单界面。本章通过一个案例来介绍菜单与工具栏的设计与使用。

学习目标：

(1) 了解菜单编辑器的相关知识。
(2) 学会运用菜单编辑器设计各种菜单。
(3) 掌握工具条控件与图像列表框控件的属性。
(4) 学会运用工具条控件与图像列表框控件设计工具栏。

【案例】 简易文本编辑器

一、案例效果

程序运行后，运用"文件"菜单可以新建文件；运用"编辑"菜单可以实现文本的剪切、复制和粘贴；运用"字体格式"菜单可以方便地设置文本的字体、字号和字形；工具栏中各个工具按钮分别对应菜单栏中的菜单命令，也可以运用这些按钮来实现对文本的编辑。本案例的界面设计如图 8-1 所示。

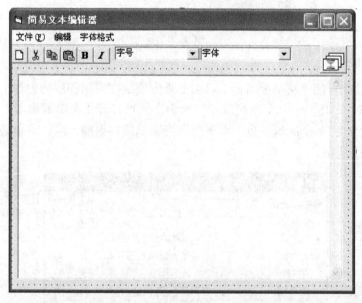

图 8-1

二、技术分析

1. 菜单的基本概念

Windows 程序界面中的菜单(如图 8-2 所示)常包括以下几个元素：

(1) 主菜单栏：通常出现在窗体的标题栏下面，包含一个或多个菜单名(菜单标题)。

(2) 菜单：当用户用鼠标单击主菜单栏上的菜单名时出现的命令列表。

(3) 菜单命令：在菜单中列出的每一个表项称为一个菜单项，即菜单命令。

(4) 子菜单：子菜单又称"级联菜单"，是从一个菜单命令分支出来的菜单。凡是带有子菜单的菜单命令后都有子菜单标记(▶)。

(5) 分隔线：在菜单上可以使用分隔线将菜单项划分为一些逻辑组。

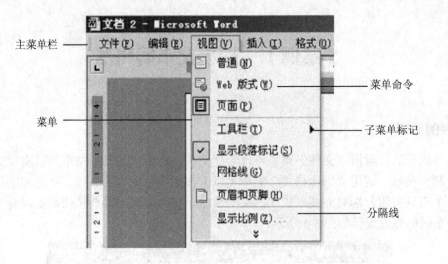

图 8-2

2. 菜单编辑器

Visual Basic 提供的"菜单编辑器"可以非常方便地在应用程序的窗体上建立菜单。在设计状态，选择"工具"—"菜单编辑器"命令，就可打开"菜单编辑器"对话框。菜单编辑器从功能上分为 3 个区域，自上而下分别为菜单项数据输入区、菜单编辑区和菜单项显示区，如图 8-3 所示。

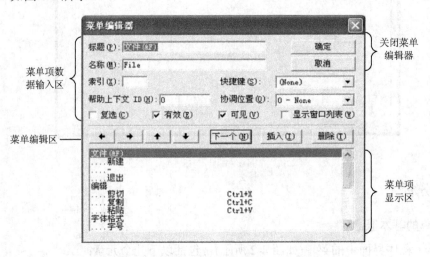

图 8-3

1) 菜单项数据输入区

每一个菜单项都是一个对象，输入区中的每个文本框就是用于设置菜单项属性的。

(1) "标题"文本框，用于设置应用程序菜单上出现的字符，它与一般控件的 Caption 属性类似。例如本案例中的"文件"、"编辑"、"字体格式"等。如果输入的是一个"-"符号，表示该菜单项为一个分隔线。

说明：如果在菜单标题后添加"(&字母)"的文本，表示可以用 Alt+字母的快捷方式打开菜单，通常用于编辑主菜单。

(2) "名称"文本框，用于定义菜单项的控制名，这个属性不会出现在屏幕上，在编辑程序代码时用来引用该菜单项。它与一般控件的 Name 属性类似。

(3) "索引"文本框，可以输入一个整数来确定菜单项在菜单控件数组中的位置或次序，该位置与菜单的屏幕位置无关。它与一般控件数组的 Index 属性类似。

说明：如果不是菜单控件数组中的菜单项，该属性不需要设置。

(4) "快捷键"列表框，菜单项的 ShortCut 属性，单击列表框右侧的下拉箭头，可以在弹出的下拉列表中为菜单项选定快捷键。该项不可以在程序运行时设置。

(5) "帮助上下文 ID"文本框，用于给菜单项设置一个与帮助信息相关的索引号 ID，该项通常可不必设置。

(6) "协调位置"列表框，通过下拉列表中的选择来确定菜单是否出现或怎样出现。有四种选择，分别为不设置、靠左边、居中和靠右。

(7) "复选"复选框，菜单项的 Checked 属性，用来设置某一菜单项是否显示复选，标记为"√"。

(8) "有效"复选框，菜单项的 Enabled 属性，用来设置菜单项是否有效。

(9) "可见"复选框，菜单项的 Visible 属性，用来设置菜单项在运行时是否可见。

(10) "显示窗口列表"复选框，用来设置在多文档应用程序的菜单中是否包含一个已打开的各个文档的列表。

2) 菜单编辑区

"菜单编辑器"窗口中部的 7 个命令按钮，用于编辑菜单中的名菜单项。

(1) ◆ ：单击该按钮可将菜单列表中选定的菜单标题或菜单选项向左移一个菜单等级，即去除菜单项前面一个内缩符号(···)。

(2) ◆ ：单击该按钮可将菜单列表中选定的菜单标题或菜单选项向右移一个菜单等级，即在菜单项前面添加一个内缩符号(···)。

(3) ◆ ：单击该按钮可将菜单列表中选定的菜单标题或菜单选项在同级菜单内向上移动一个显示位置。

(4) ◆ ：单击该按钮可将菜单列表中选定的菜单标题或菜单选项在同级菜单内向下移动一个显示位置。

(5) 下一个(N)：单击该按钮可将选定标记下移一行，即选定下一个菜单标题或菜单选项。

(6) 插入(I)：单击该按钮可在当前选定行上方插入一行。

(7) 删除(T)：单击该按钮将删除当前选定菜单项。

3) 菜单项显示区

菜单项显示区位于"菜单编辑器"的最下方，用于显示各菜单标题和菜单选项的分级列表。

3. 菜单的代码编写

在 Visual Basic 6.0 中，每一个菜单项都是一个控件，都响应相应的事件过程，这个事件过程就是鼠标单击事件，即每一个菜单项都对应一个事件处理过程 Name_Click( )，如本案例中当单击"新建"菜单命令时就调用 Private Sub New_Click( )事件过程。

4．弹出菜单的设计

菜单一般都显示在窗口的顶部，但 Visual Basic 也支持弹出菜单。弹出菜单是显示在窗体内的浮动菜单，它的位置取决于单击鼠标键时指针的位置。

设计弹出菜单的方法：首先利用菜单编辑器设计一个普通的菜单，而后使用 Visual Basic 提供的 PopupMenu 方法来显示弹出菜单。

PopupMenu 方法的使用格式：

[对象]. PopupMenu 菜单名[,标志,X,Y]

其中：

参数 X、Y 给出了弹出菜单相对于窗体的横坐标和纵坐标。如果省略该参数，则弹出菜单显示在鼠标指针当前所在的位置。

标志参数用于在 PopupMenu 方法中详细地定义弹出菜单的显示位置与显示条件。该参数由位置常数和行为常数组成，位置常数指出弹出菜单的显示位置，行为常数指出弹出菜单的显示条件。

标志参数的位置常数的取值及含义见表 8-1。

表 8-1　标志参数的位置常数的取值及含义

值	常　量	含　义
0	vbPopupMenuLeftAlign	设置 X 所定义的位置为该弹出菜单的左边界(默认)
4	vbPopupMenuCenterAlign	给出 X 所定义的位置为弹出菜单的中心
8	vbPopupMenuRightAlign	给出 X 所定义的位置为弹出菜单的右边界

标志参数的行为常数的取值及含义见表 8-2。

表 8-2　标志参数的行为常数的取值及含义

值	常　量	含　义
0	vbPopupMenuLeftButton	弹出菜单只在单击鼠标左键时才显示(默认值)
2	vbPopupMenuRightButton	弹出菜单在单击鼠标左键或右键时都可以显示

例如：If Button=2 Then PopupMenu EditMenu,$H4

说明：Button=2 表示按下鼠标右键，EditMenu 为编辑菜单名，$H4 指定了弹出菜单的位置。所以上面语句的含义是：当按下鼠标右键时弹出编辑菜单，弹出的位置以鼠标指针当前所在位置的 X 坐标为中心。

5．ImageList 控件与 ToolBar 控件

ToolBar 控件为不常用控件，必须先选择"工程"—"部件"菜单命令，在弹出的"部件"对话框中选择"控件"选项卡，在下拉列表中选中"Microsoft Windows Common Controls 6.0"复选框，再单击"确定"按钮，将该控件添加到常用工具箱中，然后才能使用。为了在工具条上显示相应的图片，可以将 ToolBar 控件与 ImageList 控件组合使用。

1) ImageList 控件的使用

ImageList 控件不能单独使用，它专门用来为其他控件提供图像库，是一个图像容器控件。

使用方法：在窗体上添加 ImageList 控件，选中该控件再单击右键，从弹出的菜单中选择"属性"，然后在"属性页"对话框中选择"图像"标签，如图 8-4 所示。

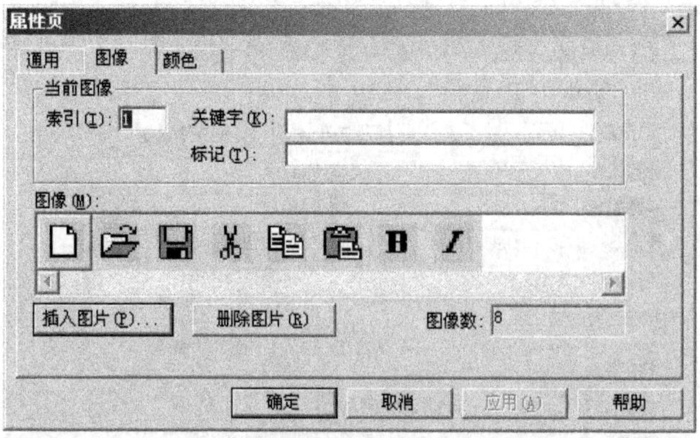

图 8-4

索引：表示每个图像的编号，在 ToolBar 的按钮中引用。

关键字：表示每个图像的标识名，在 ToolBar 的按钮中引用。

图像数：表示已插入的图像数目。

"插入图片"按钮：单击它可以插入新图像，图像文件的扩展名可以为.ico、.bmp、.gif、.jpg 等。

"删除图片"按钮：单击它可以删除选中的图片。

2) ToolBar 控件的使用

ToolBar 工具栏可以建立多个按钮，每个按钮的图像来自 ImageList 对象中插入的图像。

使用方法：在窗体上添加 ToolBar 控件后，在该控件上单击鼠标右键，在弹出菜单中选择"属性"，在打开的"属性页"对话框中选择"通用"标签，如图 8-5 所示。

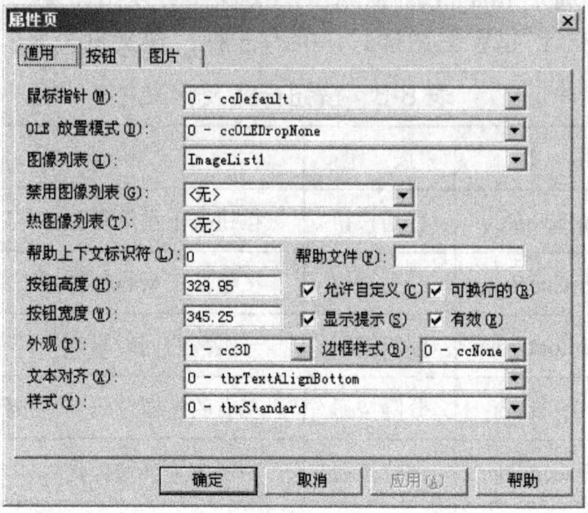

图 8-5

图像列表：在该下拉列表框中选择 ImageList1，表示将 ToolBar 与 ImageList1 连接。其他选项一般均采用默认值。

注意：当 ImageList 控件与 ToolBar 控件相关联后，就不能对 ImageList 控件进行编辑。若要对其进行增、删图像，必须先把 ToolBar 控件的"图像列表"下拉列表框设置为"无"，在"属性页"对话框中选择"按钮"标签，如图 8-6 所示。

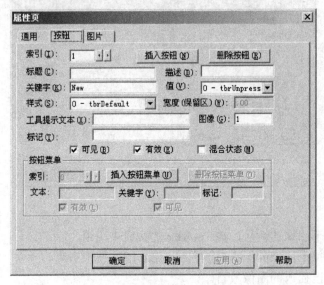

图 8-6

"插入按钮"：单击它可以在工具栏上插入 Button 对象。

"删除按钮"：单击它可以删除当前 Button 对象。

"索引"文本框：该文本框中的数字表示每个按钮的数字编号，在 ButtonClick 事件中引用。

"关键字"文本框：该文本框中的内容表示每个按钮的标识名，在 ButtonClick 事件中引用。

"图像"文本框：选定 ImageList 对象中的图像，可以用图像的 Key 或 Index 值。

"样式"下拉列表框：指定按钮样式，共有 5 种，含义见表 8-3。

表 8-3　按钮样式及含义

值	常　数	按　钮	含　义
0	TbrDefault	普通按钮	按钮按下后恢复原态
1	TbrCheck	开关按钮	按钮按下后将保持按下状态
2	TbrButtonGroup	编组按钮	一组按钮同时只能一种有效
3	TbrSepatator	分隔按钮	左右的按钮分隔其他按钮
4	TbrPlaceholder	占位按钮	以便放置其他控件
5	Tbrdropdown	菜单按钮	具有下拉式菜单

3) ToolBar 控件事件的响应

工具栏上的按钮实际上是一组控件数组，单击工具栏上的按钮时会发生 ButtonClick 事件，我们可以利用数组的索引(Index 属性)或关键字(Key 属性)来识别被单击的按钮，在使用 Select Case 语句来完成代码的编制。

三、操作步骤

1. 创建程序界面

(1) 启动 Visual Basic 6.0，新建一个"标准 EXE"工程。

(2) 在窗体上添加一个文本框控件，两个组合框控件。

(3) 打开菜单编辑器窗口设计菜单，菜单的各项设置如表 8-4 所示。

表8-4 设置各菜单

菜单项	标　题	名　称	快捷键
主菜单项 1	文件(&F)	File	
子菜单项 1-1	新建	New	
子菜单项 1-2	—	Line	
子菜单项 1-3	退出	Exit	
主菜单项 2	编辑	Edit	
子菜单项 2-1	剪切	Cut	Ctrl+X
子菜单项 2-2	复制	Copy	Ctrl+C
子菜单项 2-3	粘贴	Past	Ctrl+V
主菜单 3	字体格式	FontStyle	
子菜单 3-1	字号	FontSize	
子菜单 3-1-1	10	FontSize10	
子菜单 3-1-2	12	FontSize12	
子菜单 3-1-3	20	FontSize20	
子菜单 3-2	字体	Font	
子菜单 3-2-1	隶书	Lishu	
子菜单 3-2-2	华文新魏	HWXW	
子菜单 3-2-3	宋体	SongTi	
子菜单 3-3	字形	FontStatus	
子菜单 3-3-1	加粗	FontBold	
子菜单 3-3-2	倾斜	FontItalic	

(4) 选择"工程"—"部件"菜单命令，选出"部件"对话框，在"控件"选项卡的下拉列表框中选中"Microsoft Windows Common Controls 6.0"复选框，然后单击"确定"按钮，将 ToolBar 控件与 ImageList 控件添加到常用工具箱中。

(5) 双击常用工具箱中的 ToolBar 和 ImageList 控件，在窗体上添加这两个控件。

(6) 按照 ImageList 控件的使用方法，在该控件中添加 7 张图片，并为每张图片建立一个索引号(参见图 8-4)。

(7) 按照 ToolBar 控件的使用方法，利用图 8-5 所示的"图像列表"文本框将 ToolBar 和 ImageList 控件相关联，利用图 8-6 所示的"插入按钮"在该控件中添加 7 个命令按钮，并为每个按钮建立一个索引号，再利用"图像"文本框将 ImageList 控件中的图片与 ToolBar 控件中的命令按钮相对应。

2. 属性的设置与修改

按照表 8-5 所列设置或修改对象的属性。

表 8-5　对象属性的设置

对　象	对象名称	属　性	属　性　值
窗体	Form1	Caption	文本编辑器
组合框	Combo1	Text	字体
	Combo2	Text	字号
文本框	Text1	Text	(空值)
		MultiLine	True
		ScrollBars	3-Both

3. 程序代码设计

1) 窗体加载事件的代码

```
Private Sub Form_Load()
Text1.Text = "这是一个利用菜单与工具条控件设计的简单文本编辑器，它可以实现文件
            的新建、剪切、复制、删除以及字体格式设置等功能。"
Combo1.AddItem 10
Combo1.AddItem 12
Combo1.AddItem 20
Combo2.AddItem "隶书"
Combo2.AddItem "华文新魏"
Combo2.AddItem "宋体"
End Sub
```

2) 各菜单项的代码设计

```
Private Sub New_Click()              '新建菜单项的代码
Text1.Text = ""
End Sub


Private Sub Exit_Click()             '退出菜单项的代码
End
End Sub


Private Sub Cut_Click()              '剪切菜单项的代码
Clipboard.Clear
Clipboard.SetText Text1.SelText
Text1.SelText = ""
End Sub


Private Sub Copy_Click()             '复制菜单项的代码
Clipboard.Clear
Clipboard.SetText Text1.SelText
End Sub


Private Sub Past_Click()             '粘贴菜单项的代码
Text1.SelText = Clipboard.GetText
End Sub


Private Sub FontSize10_Click()       '字号菜单的代码
Text1.FontSize = 10
End Sub
Private Sub FontSize12_Click()
Text1.FontSize = 12
End Sub


Private Sub FontSize20_Click()
Text1.FontSize = 20
End Sub


Private Sub HWXW_Click()             '字体菜单的代码
Text1.FontName = "华文新魏"
End Sub
```

```vb
Private Sub Lishu_Click()
Text1.FontName = "隶书"
End Sub


Private Sub SongTi_Click()
Text1.FontName = "宋体"
End Sub


Private Sub FontBold_Click()                    '字形中加粗菜单项的代码
If Text1.FontBold = True Then
    Text1.FontBold = False
Else
    Text1.FontBold = True
End If
End Sub


Private Sub FontItalic_Click()                  '字形中倾斜菜单项的代码
If Text1.FontItalic = True Then
    Text1.FontItalic = False
Else
    Text1.FontItalic = True
End If
End Sub
```

3) 工具条的代码

```vb
Private Sub Toolbar1_ButtonClick(ByVal Button As MSComctlLib.Button)
Select Case Button.Key
Case "New"
    Text1.Text = ""
Case "Cut"
    Clipboard.Clear
    Clipboard.SetText Text1.Text
    Text1.SelText = ""
Case "Copy"
    Clipboard.Clear
    Clipboard.SetText Text1.SelText
Case "Past"
    Text1.SelText = Clipboard.GetText
Case "Bold"
```

```
        If Text1.FontBold = True Then
            Text1.FontBold = False
        Else
            Text1.FontBold = True
        End If
Case "Italic"
        If Text1.FontItalic = True Then
            Text1.FontItalic = False
        Else
            Text1.FontItalic = True
        End If
End Select
End Sub
```

4．程序代码调试

输入程序代码后，完成程序代码的调试和修改。

四、探索与思考

(1) 参照 Word 运用程序，进一步完善本案例中的菜单设计。

(2) 运用所学知识进一步完善本案例中的文本编辑器的功能，使其能实现字体颜色的设置。

五、学生自主设计——写字板菜单设计

1．设计要求

1) 基本部分——模仿

参照 Windows 系统中的写字板应用程序，设计一个类似的文本编辑工具界面，要求功能尽可能完善。其界面设计参照图 8-7。

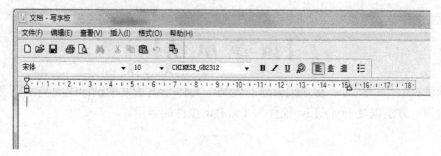

图 8-7

2) 拓展部分——创意设计

将"格式"菜单中的"字体"和"段落"菜单项设计为弹出菜单。

2. 知识准备

要完成自主设计内容，需掌握以下知识：

(1) 菜单编辑器的使用及菜单的设计。

(2) 工具条的设计与运用。

(3) 文本框的运用。

(4) 组合框的运用。

(5) ImageList 控件的运用。

3. 效果评价标准

请对照表 8-6 完成自主设计的效果评价。

表 8-6　效果评价表

序号	评价内容	分值	自评	互评	师评
1	界面布局合理，整齐美观	20 分			
2	语句完整，语法正确，书写规范、美观	20 分			
3	程序中应有适量的注释语句，便于他人阅读	20 分			
4	能实现规定的功能，无异常情况	20 分			
5	加入自己的思考和拓展	20 分			
合　　计		100 分			

4. 设计小结

请将你的设计过程、设计体会、在设计过程中遇到的问题以及解决方法写在下面。

_____

_____

_____

_____

【本章小结】

本章通过制作一个简单文本编辑器的案例，具体介绍了菜单设计中的基本概念、菜单编辑器的使用方法以及 ImageList 控件与 ToolBar 控件的运用。

第9章　图形与图像

Visual Basic 作为可视化的应用程序开发环境，它提供了丰富的图形绘制功能，使得开发者可以方便地对应用程序进行美化，为应用程序的界面设计增添趣味。Visual Basic 中提供的图形控件主要有 Picture Box(图片框)、Image(图像工具)、Line(画线工具)和 Shape(形状)。本章将通过一个综合案例来具体介绍这些控件。

学习目标：

(1) 掌握多文档窗体的概念。
(2) 学会运用多文档窗体。
(3) 掌握 4 种图形控件的基本属性、方法与运用。
(4) 学会运用自定义过程。

【案例】 图形与图像综合实例

一、案例效果

程序运行后进入图形与图像综合实例的主窗体，当用户单击"图形时钟"菜单命令时进入到"图形时钟"子窗体，在该子窗体上演示一个用 Line 控件设计的图形时钟；当用户单击"飞舞的蝴蝶"菜单命令时进入到"飞舞的蝴蝶"子窗体，在该子窗体上显示一只飞舞的蝴蝶；当用户单击"梦幻图形"菜单命令时进入到"梦幻图形"子窗体，在该子窗体中用户每单击一次窗体就会出现一个颜色变化的基本图形。本案例共有 4 个窗体，其界面设计分别如图 9-1～9-4 所示。

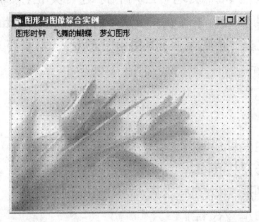

图 9-1

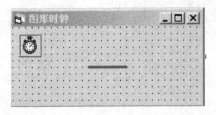

图 9-2

图 9-3

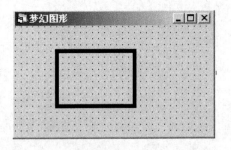

图 9-4

二、技术分析

1．多文档界面的概念与创建方法

1) 多文档界面的概念

多文档界面是指一个应用程序(父窗体)中包含多个文档(子窗体)，因此多文档界面由父窗体和子窗体组成，父窗体或称 MDI 窗体，是作为子窗体的容器。子窗体或称文档窗体，显示各自的文档，在 MDI 窗体的内部运行。

2) 多文档界面的创建方法

(1) 创建和设计 MDI 窗体。选择"工程"菜单中的"添加 MDI 窗体"命令，即可创建一个 MDI 窗体。

注意：MDI 窗体是子窗体的容器，它可以有菜单栏、工具栏、状态栏，但不可以有文本框等控件。

(2) 创建和设计 MDI 子窗体。将普通窗体的 MDIChild 属性设置为 True，则该窗体就可以成为 MDI 窗体的子窗体。

2．图形坐标系统

在 Visual Basic 程序中，每一个对象定位于存放它的容器内，对象定位都要使用容器的坐标系。在图形操作中同样需要对图形进行定位，图形坐标系统有 3 种：屏幕坐标系统、窗体坐标系统和自定义坐标系统。

1) 屏幕坐标系统

屏幕坐标系统是以计算机屏幕作为参照对象，屏幕的左上角为坐标原点(0，0)，X 轴的正方向为水平向右，Y 轴的正方向为垂直向下。

2) 窗体坐标系统

窗体坐标系统是以窗体为参照对象，窗体的左上角为坐标原点(0，0)，X 轴的正方向为水平向右，Y 轴的正方向为垂直向下。

3) 自定义坐标系统

对象的坐标系统允许用户自定义。自定义坐标系统由容器对象的 ScaleLeft、ScaleTop、ScaleWidth 和 ScaleHeight 来完成。ScaleLeft 和 ScaleTop 用于决定原来的容器坐标原点在新坐标系的位置，ScaleWidth 和 ScaleHeight 用于决定新坐标系的宽度和高度度量单位。

例如：

Form1.ScaleLeft=50

Form1.ScaleTop=50

Form1.ScaleHeight=100

Form1.ScaleWidth=200

以上语句设置了原坐标系统(窗体坐标系统)原点在新坐标系的坐标为(50，50)，新坐标系以窗体高度的 1/100 为垂直度量单位，以窗体宽度的 1/200 为水平度量单位。

3．图片框(PictureBox)控件

PictureBox 控件主要用来显示图片，也可以作为其他控件的容器。

图片框的常用属性主要有以下几个：

(1) Picture 属性。该属性用于设置图片框中显示的图片文件名(包括可选的路径名)。图片框能够显示的图片文件包括位图(.bmp)、图标(.ico)、Windows 图元文件(.wmf)、JPEG 和 GIF 等类型。

(2) AutoSize 属性。该属性用于决定图片框是否能够根据加载图片的尺寸自动调整大小。

(3) BorderStyle 属性。该属性用于设置图片框的边界风格，它只能在设计时使用。

4．图像(Image)控件

图像(Image)控件主要用来显示图像。它的常用属性与图片框相同，但是图像控件与图片框控件有着本质的区别：图片框可以作为其他控件的容器，也可以使用绘图方法进行绘图，但是图像控件不能作为其他控件的人容器，也不可以使用绘图方法来显示或绘制图形。

5．画线工具(Line)

Line 控件主要用于在窗体或图片框的表面绘制简单的线段。它最重要的属性有：

(1) BorderWidth 属性。该属性用于确定线的宽度。

(2) BorderStyle 属性。该属性用于确定线的形状。

(3) BorderColor 属性。该属性用于设置线的颜色。

(4) X1、Y1、X2、Y2 属性。(X1，Y1)用于设置线段的起点坐标，(X2，Y2)用于设置线段的终点坐标。

其使用格式为：

对象．X1｜Y1｜X2｜Y2＝[number]

例如：

Line1．X1＝50

Line1．Y1＝50

Line1．X2＝100

Line1．Y2＝100

以上语句设置了 Line1 的起点坐标为(50，50)，终点坐标为(100，100)。

6．形状控件(Shape)

Shape 控件可以用来绘制矩形、正方形、椭圆、圆、圆角矩形和圆角正方形。当 Shape 控件放到窗体上时显示为一个矩形。Shape 控件的常用属性有以下几个：

(1) Shape 属性。该属性用于确定所需的几何形状，共有 6 种取值：0—矩形；1—正方形；2－椭圆形；3－圆形；4－圆角矩形；5－圆角正方形。

(2) BorderColor 属性。该属性用于设置边框颜色。

(3) FillColor 属性。该属性用于设置填充的颜色。

(4) BorderStyle 属性。该属性用于设置边框样式，共有 7 种取值：0—透明；1—实线；2—虚线；3—点线；4—点划线；5—双点划线；6—内实线。

7．时钟控件(Timer)

本案例中多次运用时钟控件，时钟控件的运用请参照第 5 章中的技术分析部分。

8．自定义函数和子过程

在前面几章中我们已经接触过系统提供的内部函数和事件过程。在开发较复杂的程序时，我们可以按照结构化程序设计的原则，将问题逐步细化，分成若干个功能模块，并通过用户自定义过程将每个功能模块定义成一个子过程，供用户多次调用。

1) 自定义过程的分类

自定义过程分为子过程、函数过程和属性过程。

(1) 子过程 (Sub 过程)不返回值。

(2) 函数过程(Function 过程)返回一个值。

(3) 属性过程(ProPerty 过程)返回和设置窗体、标准模块以及类模块的属性值，也可以设置对象的属性。

2) 自定义过程的定义方法

方法一：利用"工具"菜单下的"添加过程"命令定义。

(1) 在窗体或模块的代码窗口中选择"工具"菜单下的"添加过程"命令，打开"添加过程"对话框，如图 9-5 所示。

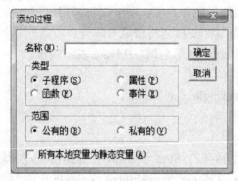

图 9-5

(2) 在"名称"文本框中输入过程的名称(过程名中不允许有空格)，在"类型"选项组中单击选中"子程序"或"函数"单选按钮，在"范围"选项组中选取函数过程作用的范围，有"公有的"和"私有的"两种。

(3) 单击"确定"按钮建立一个函数过程的框架，即过程的开始和结束语句，用户可以在框架内部编写函数过程代码。

方法二：利用"代码"窗口直接定义。

在窗体或标准模块的代码窗口把插入点放在所有现有过程之外，直接输入函数过程。

3) 自定义过程的格式

子过程的格式：

[Static][Public|Private] Sub 子过程名 [(形参表)]
    [语句序列]
    [Exit Sub]
    [语句序列]
End Sub

函数过程的格式：

[Static][Public|Private] Function 函数过程名 ([形参表])[As 类型]
    [语句序列]

　　　　[函数名=表达式]

　　　　[Exit Function]

　　　　[语句序列]

　　　　[函数名=表达式]

　　End Function

　　说明：

　　(1) 过程名命名规则和变量命名规则相同。过程名不能与同一级别的变量重名，并且在一个程序中是唯一的。

　　(2) "语句序列"是 Visual Basic 的程序段。Exit Sub 表示退出子过程，Exit Function 表示退出函数过程。

　　(3) "函数名=表达式"中，函数名是函数过程的名称。表达式是函数过程的返回值。如果没有此语句，则函数过程返回一个默认值，数值型函数返回 0，字符型函数返回空字符串。

　　(4) 形参表中的形参类似于变量声明，用于接收调用过程时传递过来的值。它指明了传递给过程的变量的个数和类型，变量之间用逗号隔开。

　　(5) Static 表示静态，Public 表示全局，Private 表示局部。

　　例如：

Private 　sub 　Sum(x as single ,y as single)

　　　Print x+y

End sub

　　上面的语句定义了一个私有的 Sum 子过程，它的作用是在窗体上打印出 x 和 y 的和。

Private Function Sum (x as single , y as single) as single

Sum=x+y

End Function

　　上面的语句定义了一个私有的 Sum 函数过程，它将对参数 x 和 y 进行求和运算，并返回和的值。

　　4) 自定义过程的调用

　　自定义的子过程和函数过程必须在事件过程或其他过程中显示调用，否则自定义过程代码就永远不会被执行。根据是否存在返回值，采用不同的调用方法。

　　子过程没有返回值，所以它不可以在表达式中调用，只能使用独立的语句，其调用语句如下：

　　　　子过程名 　[实参表]

　　或　　Call 　子过程名 　(实参表)

　　说明：实参表示传递给子过程的变量或常量的列表，各参数之间用逗号隔开。

　　例如：调用前面定义的 Sum 子过程，它的实参为 a 和 b

　　　　Sum 　a ，b

　　或　　Call 　Sum (a , b)

　　函数过程具有返回值，因此它不能使用独立的语句调用，被调用的函数过程必须作为表达式或表达式中的一部分。最简单的情况就是在赋值语句中调用函数过程，其形式如下：

　　　　变量名=函数过程名([实参表])

例如：调用前面定义的 Sum 函数过程，它的实参为 a 和 b，其返回值赋给变量 N

N=Sum(a , b)

注意：

(1) 过程调用时，实参必须与形参保持个数相同，位置与类型一一对应。实参可以是同类型的常数、变量、数组元素、表达式。

(2) 调用时把实参的值传递给形参称为参数传递，其中值传递(形参前有 ByVal 说明)是实参的值不随形参的值变化而变化，而引用传递(或称地址传递)的实参的值随形参的值一起变化。

(3) 当参数是数组时，形参与实参在参数声明时应省略其维数，但括号不能省略。

5) 参数传递

在调用过程时，实参与形参之间的数据传递有两种方式：传址(ByRef)与传值(ByVal)。传址方式为默认方式，所以采用传址方式传递数据时在形参前可省略 ByRef。如在形参前加 ByVal，则表示数据传递方式为传值方式。

选用传值还是传址的使用规则如下：

(1) 形参是数组、自定义类型时只能用传址方式，若要将过程中的结果返回给主调程序，则形参必须是传址方式。这时实参必须是同类型的变量名，不能是常量或表达式。

(2) 如形参不是上述两种情况，一般选用传值方式。这样可增加程序的可靠性和便于调试。

下面提供了一段实现两数交换的程序代码，其中包含两个子过程，一个采用传值方式传递参数，一个采用传址方式传递参数，请读者自己上机调试，并仔细比较这两种参数传递的方式。

```
Public Sub    Change1(ByVal x as Integer , ByVal y as Integer)
    Dim   a   as   Integer
    a=x: x=y: y=a
End Sub


Public Sub Change2(x as Integer ,y as Integer)
    Dim   a   as   Integer
    a=x: x=y: y=a
End Sub


Private   Sub Command1_Click( )
    Dim   m as Integer ,   n   as Integer
    m=20:n=30
    Change1 m ,n
    Print "M1="; m , "N1="; n
    m=20:n=30
    Change2 m ,n
    Print "M2="; m , "N2="; n
End Sub
```

三、操作步骤

1．创建程序界面

(1) 启动 Visual Basic 6.0，新建一个"标准 EXE"工程。

(2) 添加 1 个 MDI 窗体和 3 个子窗体。

(3) 利用菜单编辑器编辑一个包含 3 个主菜单命令的菜单，3 个主菜单命令分别为"图形时钟"、"飞舞的蝴蝶"和"梦幻图形"，并将这 3 个菜单命令分别与 3 个子窗体相连接。

(4) 利用 MDI 窗体的 Picture 属性为该窗体添加一幅背景图片。

(5) 设计"图形时钟"子窗体界面。在该子窗体上添加 1 个时钟控件和 1 个 Line 控件。

(6) 设计"飞舞的蝴蝶"子窗体界面。在该子窗体上添加 3 个 Image 控件和 1 个时钟控件，分别为 Image1、Image2、Image3 和 Timer1。利用 Image 控件的 Picture 属性分别为 3 个图像控件添加图片 BFLY1.BMP、BFLY2.BMP、BFLY1.BMP。

(7) 设计"梦幻图形"子窗体界面。在该子窗体上添加 1 个 Shape 控件。

2．属性的设置与修改

按照表 9-1 所列设置对象的属性。

表 9-1　设置对象的属性

所属窗体	对　象	对象名称	属　性	属　性　值
主窗体	MDI 窗体	MDIForm1	Caption	图形与图像综合实例
"飞舞的蝴蝶"子窗体	窗体	Form1	Caption	飞舞的蝴蝶
	图像控件	Image1	Top	120
			Width	1155
			Height	1155
		Image2	Top	120
			Width	1155
			Height	1155
		Image3	Top	120
			Width	1155
			Height	1155
	时钟控件	Timer1	Interval	50
"图形时钟"子窗体	窗体	Form2	Caption	图形时钟
	时钟控件	Timer1	Left	120
			Top	120
	画线工具	Line1	BorderColor	&H000000FF&
"梦幻图形"子窗体	窗体	Form3	Caption	梦幻图形
	Shape 控件	Shape1	BorderWidth	5

3. 程序代码设计

(1) MDI 窗体的代码如下：

```
Private Sub BFly_Click()                '蝴蝶飞舞的菜单代码
Form1.Show
End Sub


Private Sub Clock_Click()               '图形时钟的菜单代码
Form2.Show
End Sub


Private Sub Shap_Click()                '梦幻图形的菜单代码
Form3.Show
End Sub
```

(2) "飞舞的蝴蝶"子窗体的代码如下：

```
Private Sub Timer1_Timer()
Static a As Integer
If a = 0 Then
    Image1.Picture = Image2.Picture
    a = 1
Else
    Image1.Picture = Image3.Picture
    a = 0
End If
End Sub
```

(3) "图形时钟"子窗体的代码如下：

```
Private Sub Form_Load()                 '窗体加载事件的代码
Line1.BorderColor = RGB(255, 0, 0)
Line1.BorderWidth = 3
Timer1.Interval = 1000
End Sub


Private Sub Timer1_Timer()              '时钟 Timer 事件的代码
Static a As Integer
Dim x As Single, y As Single
Const pi = 3.1415926
a = a Mod 360
x = 1000 * Sin(a * pi / 180)
```

```
y = (-1) * 1000 * Cos(a * pi / 180)
Line1.X2 = x + 2180
Line1.Y2 = y + 1440
Line1.Refresh
a = a + 6
End Sub
```

(4) "梦幻图像"子窗体的代码如下：

```
Option Explicit
Private Sub sh(x As Integer)                          '用户自定义过程，用于画图
  Dim r As Integer, g As Integer, b As Integer
    Randomize
    r = Int(Rnd * 256)
    g = Int(Rnd * 256)
    b = Int(Rnd * 256)
    Shape1.BorderColor = RGB(r, g, b)
    Shape1.Shape = 0
    Shape1.Shape = x
End Sub


Private Sub Form_Click()                              '窗体单击事件的代码
Static i As Integer
i = i + 1
If i <= 5 Then
    Call sh(i)
Else
  i = 0
    Call sh(i)
End If
End Sub
```

4．程序代码调试

输入程序代码后，完成程序代码的调试和修改。

四、探索与思考

(1) "飞舞的蝴蝶"程序中蝴蝶只能在原地飞舞，如何修改程序使蝴蝶从窗体的左下角飞到窗体的右上角？如何修改程序使蝴蝶在碰到窗体边缘时反弹回来？

(2) "图形时钟"程序中只是模拟了时针的旋转方式，如何修改程序为模拟时钟添加分针和秒针，使时钟更加逼真？

(3)"梦幻图形"程序中当用户单击窗体时,只能改变图形的形状和边框线的颜色,如何修改程序来实现采用随机颜色对图形进行颜色填充?

五、学生自主设计——爱心礼物、碰壁的小球

1. 设计要求

1) 基本部分——模仿

运用本章所学知识设计一个"爱心礼物"的程序,程序的界面设计可参考图 9-6,当在下拉列表中选择适当的款式时,在图像框中显示相应的礼物图片。

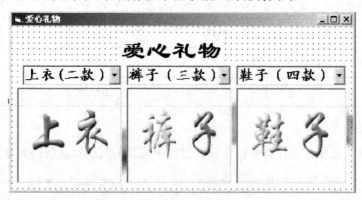

图 9-6

2) 拓展部分——创意设计

运用本章所学知识设计一个"碰壁的小球"程序,其界面设计可参考图 9-7,当小球碰到窗体边框时会自动弹回来。(提示:在窗体上添加一个 Shape 控件。)

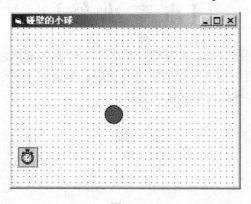

图 9-7

2. 知识准备

要完成自主设计内容,需掌握以下知识:

(1) 时针控件的运用。

(2) Shape 控件的运用。

(3) Image 控件的运用。

(4) 下拉列表的运用。

3. 效果评价标准

请对照表 9-2 完成自主设计的效果评价。

表 9-2 效果评价表

序号	评 价 内 容	分 值	自评	互评	师评
1	界面布局合理，整齐美观	20 分			
2	语句完整，语法正确，书写规范、美观	20 分			
3	程序中应有适量的注释语句，便于他人阅读	20 分			
4	能实现规定的功能，无异常情况	20 分			
5	加入自己的思考和拓展	20 分			
合 计		100 分			

4. 设计小结

请将你的设计过程、设计体会、在设计过程中遇到的问题以及解决方法写在下面。

_____

_____

_____

_____

【本 章 小 结】

本章通过一个图形与图像的综合案例介绍了多文档窗体的概念及创建方法、图形图像的相关概念及常用控件、自定义过程的定义及调用。学会运用图形图像控件可以为程序设计增加精美的元素，使程序界面更加赏心悦目。

第 10 章　多媒体及网络技术

　　多媒体(Multimedia)技术是指计算机综合处理文本、图形、图像、声音、动画和视频等多种媒体数据，使它们建立一种逻辑连接，并集成为一个具有交互性的系统的技术。Visual Basic 中提供了多种实现多媒体控制功能的控件。另外，随着网络技术的发展与普及，网络程序设计已成为程序设计中的一个重要课题，Visual Basic 在网络程序的设计方面也提供了强大的功能。本章将通过两个案例来介绍 Visual Basic 在多媒体及网络方面的应用。

学习目标：

(1) 掌握 MMControl 控件的 MCI 命令、常用属性及运用方法。

(2) 掌握 CommondDialog 控件的常用属性和方法。

(3) 学会编写简单的音频与视频控制程序。

(4) 学会运用 WebBrowser 控件制作简单的网页浏览器。

【案例 10-1】 多媒体播放器

一、案例效果

本案例是一个简易的多媒体播放器。当用户单击"文件"—"打开"命令后,弹出"打开"对话框,确定具体的文件类型后选择相应的文件,在"文件名"标签中显示完整的路径名。单击"控制"—"播放"命令后,开始播放文件,进度条显示播放进度。此时如果单击"控制"—"暂停"命令,将暂停文件的播放,再次选择"播放"命令,将从暂停处继续播放。倘若单击"停止"命令文件将停止播放,再次单击"播放"命令时,文件将从头开始播放。"控制"—"循环播放"可以控制文件是否循环播放。界面如图 10-1 所示。

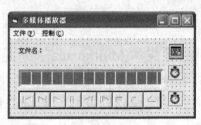

图 10-1

二、技术分析

本案例中共涉及到 3 个新的控件,分别是 MMControl 控件、CommonDialog 控件与 ProgressBar 控件。这 3 个控件都是高级控件,在使用前必须先添加到工具箱中。

添加的方法是:选择"工程"—"部件"菜单命令,弹出如图 10-2 所示的"部件"对话框,在"控件"选项卡的下拉列表中选中"Microsoft Common Dialog Control 6.0"复选框、"Microsofr MultiMedia Control 6.0"复选框及"Microsoft Windows Common Control 6.0"复选框,然后单击"确定"按钮,则工具箱上就会出现对话框(CommonDialog)☐控件、多媒体(MMcontrol)☐控件、进度条(ProgressBar)☐ 控件。

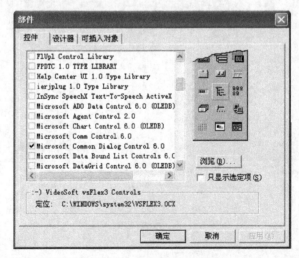

图 10-2

1. 多媒体 MMControl 控件(▨)

本案例中使用的第一个多媒体控件是 MMControl 控件。MMControl 控件用于管理媒体控制接口(MCI)设备上的多媒体文件的录制与播放。实际上，这种控件就是一组按钮，用来向音频和视频设备发出 MCI 命令。这些按钮类似于一般 CD 机或录像机上的按键。在设计时，其外观如图 10-3 所示。

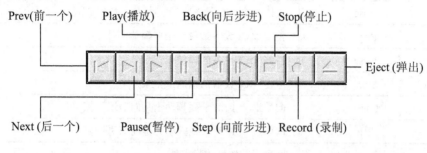

图 10-3

1) MMControl 控件的常用属性

(1) AutoEnable 属性。该属性决定 MMControl 控件是否能够自动启动或关闭控件中的每个按钮。如果将其值设置为 True，MMControl 控件就启用指定 MCI 设备类型在当前模式下所支持的全部按钮；如果将其值设置为 False，则不能启用或禁用按钮。

(2) ButtonEnabled 属性。该属性决定是否启用或禁用控件中的某个按钮，禁用的按钮以淡化形式显示。当其值为 True 时，则启用指定的按钮；当其值为 False 时，不启用指定的按钮。

(3) ButtonVisible 属性。该属性用来决定指定的某个按钮是否在控件中显示。当其值为 True 时，则显示指定的按钮；当其值为 False 时，则隐藏指定的按钮。

(4) Command 属性。该属性用来指定将要执行的 MCI 命令，在设计时不可用。

其语法格式如下：

MMControl 控件.Command[=命令]

其中，命令及其功能描述参见表 10-1。

(5) DeviceType 属性。该属性用来指定要打开的 MCI 设备类型。

(6) FileName 属性。该属性用于获取要播放的多媒体文件名，值为包含文件目录和文件名称的字符串。

(7) hWndDisplay 属性。该属性用来定位画面播放的位置。

(8) Position 属性。该属性用来指定打开的 MCI 设备的当前位置。在设计时 Position 属性不可用，在运行时它是只读的。

(9) Mode 属性。该属性返回打开的 MCI 设备的当前模式。在设计时 Mode 属性不可用，在运行时它是只读的。

(10) UpdateInterval 属性。该属性规定两次连续的 StatusUpdate 事件之间的时间，单位是 ms(毫秒)，如果是 0 ms，则表明没有 StatusUpdate 事件发生。

(11) Wait 属性。该属性决定 MMControl 控件是否要等到下一条 MCI 命令完成，才能将控件返回应用程序。在设计时，该属性不可用。

2) MMControl 控件的常用命令

MMControl 控件的常用命令见表 10-1。

表 10-1　MMControl 控件的 MCI 命令

命　令	含　义
Open	打开一个 MCI 设备
Close	关闭一个 MC 设备
Play	使用 MCI 设备播放一个多媒体文件
Pause	暂停 MCI 设备的播放或记录
Stop	停止 MCI 设备的播放或记录
Back	向后退一步(对于视频动画是向后退一帧)
Step	向前进一步(对于视频动画是向前进一帧)
Prev	回到当前轨迹的起点处
Next	定位到下一个轨迹的起点处
Seek	如果没有进行播放，则搜索一个位置
Record	使用 MCI 设备进行记录
Eject	将媒体弹出，即将光驱弹出
Sound	播放声音
Save	保存打开的设备文件

2．CommonDialog(通用对话框)控件(▨)

本案例中涉及到的第二个控件是 CommonDialog(通用对话框)中的"文件"对话框。"文件"对话框用于获取文件名的操作有两种模式：打开文件和保存文件。在这两种对话框窗口内，可遍历磁盘的整个目录结构，找到所需要的文件。

1) CommonDialog(通用对话框)控件用于文件操作时的常用属性

(1) FileName 属性，获取或设置用户所要打开的文件的路径和文件名。该属性为文件名字符串，用于设置"打开"对话框中"文件名称"文本框中显示的文件名。

(2) Filter 属性，用来指定在对话框中显示的文件类型。用 Filter 属性可以设置多个文件类型，供用户在对话框的"文件类型"的下拉列表中选择。Filter 的属性值是一个字符串，字符串由一组元素或用管道符"|"隔开的分别表示不同类型文件的多组元素组成，在"|"前面的部分称为描述符，后面的部分一般为通配符和文件扩展名，称为"过滤器"。

例如：CommonDialog 控件. Filter=描述符 1 | 过滤器 1 | 描述符 2 | 过滤器 2…

(3) Flag 属性，为文件对话框设置选择开关，用来控制对话框的外观。

如：CommonDialog. 控件. Flag[=值]

其中："值"是一个整数，可以使用 3 种形式，即符号常量、十六进制整数和十进制整数，这里仅介绍常用的几个，见表 10-2。

(4) CancelError 属性。如果该属性被设置为 True，则当单击"Cancel"(取消)按钮关闭一个对话框时，将显示出错信息；如果设置为 False(默认)，则不显示出错信息。

表 10-2　Flag 属性取值含义

符号常量	功　　能
VbOFNFileMustExist	禁止输入对话框中没有列出的文件名
VbOFNHideReadOnly	取消"只读检查"复选框
VbOFNReadOnly	在对话框中显示"只读检查"复选框
VbFNShowHelp	显示一个"Help"按钮

2）CommonDialog(通用对话框)控件的常用方法

(1) ShowOpen 方法，显示"打开"对话框。

如：CommonDialog1.ShowOpen

(2) ShowSave 方法，显示"另存为"对话框。

如：CommonDialog1.ShowSave

(3) ShowPrint 方法，显示"打印"对话框。

如：CommonDialog1.ShowPrint

3. ProgressBar(进度条)控件(▬)

本案例中涉及到的第三个新控件是 ProgressBar 控件。该控件有 3 个常用属性：

(1) Value 属性。该属性值对应于进度条中显示的进度位置。

(2) Max 属性，定义 Value 属性值的最大值。

(3) Min 属性，定义 Value 属性值的最小值。

三、操作步骤

1. 创建程序界面

(1) 启动 Visual Basic 6.0，新建一个"标准 EXE"工程。

(2) 在窗体上添加 1 个标签控件、2 个定时器控件、1 个进度条(ProgressBar)控件、1 个通用对话框(CommonDialog)控件、1 个多媒体(MMcontrol)控件。另外，利用"工具"—"菜单编辑器"在窗体上添加 1 个菜单，各菜单项设置如表 10-3 所示。

表 10-3　设 置 菜 单 项

菜单项	标　题	名　　称	快捷键
主菜单项 1	文件(&F)	File	
子菜单项 1-1	打开	FileOpen	Ctrl+O
子菜单项 1-2	关闭	Close	
子菜单项 1-3	退出	Quit	Ctrl+Q
主菜单项 2	控制(&C)	Ctrl	
子菜单项 2-1	播放	FilePlay	Ctrl+P
子菜单项 2-2	循环播放	CFilePlay	
子菜单项 2-3	暂停	FilePause	
子菜单项 2-4	停止	Stop	

2. 属性的设置与修改

按照表 10-4 所列设置各对象的属性。

表 10-4 设置对象的属性

对　象	对象名称	属　性	属　性　值
窗体	Form1	Caption	多媒体播放器
时钟	Timer1	Enabled	True
		Interval	0
	Timer2	Enabled	True
		Interval	10
标签	Label1	Caption	文件名
MMControl 控件		名称	MMC1
CommonDialog 控件		名称	CD1
ProgressBar 控件		名称	PB1

3. 程序代码设计

(1) 窗体加载事件的代码如下:

```
Private Sub Form_Load()
Timer1.Interval = 60
MMC1.hWndDisplay = 0
CD1.Filter = "MP3 文件(*.MP3)|*.mp3|CD 音频(*.wav)|*.wav||所有文件(*.*)|*.*"
End Sub
```

(2) "文件"—"打开"命令单击事件的代码如下:

```
Private Sub FileOpen_Click()
MMC1.UpdateInterval = 0
CD1.Flags = vbofnreadonly Or vbofnfilemustexist
CD1.CancelError = True
CD1.FileName = ""
On Error Resume Next
CD1.ShowOpen
MMC1.FileName = CD1.FileName
If MMC1.FileName = "" Then
   Exit Sub
Else
   Label1.Caption = MMC1.FileName
End If
If Not MMC1.Mode = vbmcimodenotopen Then
    MMC1.Command = "close"
End If
```

```
MMC1.Command = "open"
Timer1.Enabled = True
PB1.Max = MMC1.Length
PB1.Min = 1
End Sub
```

(3) "文件"—"关闭"命令单击事件的代码如下：

```
Private Sub Close_Click()
MMC1.Command = "close"
Timer1.Enabled = False
PB1.Value = 1:
Label1.Caption = "文件名："
End Sub
```

(4) "文件"—"退出"命令单击事件的代码如下：

```
Private Sub Quit_Click()
End
End Sub
```

(5) "控制"—"播放"命令单击事件的代码如下：

```
Private Sub FilePlay_Click()
MMC1.Command = "play"
End Sub
```

(6) "控制"—"循环播放"命令单击事件的代码如下：

```
Private Sub CFilePlay_Click()
If CFilePlay.Caption = "循环播放" Then
    CFilePlay.Caption = "非循环播放"
    Timer2.Enabled = False
Else
    CFilePlay.Caption = "循环播放"
    Timer2.Enabled = True
End If
End Sub
```

(7) "控制"—"暂停"命令单击事件的代码如下：

```
Private Sub FilePause_Click()
MMC1.Command = "pause"
End Sub
```

(8) "控制"—"停止"命令单击事件的代码如下：

```
Private Sub Stop_Click()
MMC1.Command = "stop"
MMC1.Command = "prev"
End Sub
```

(9) 时钟控件 1 的代码如下:

```
Private Sub Timer1_Timer()
On Error Resume Next
PB1.Value = MMC1.Position
End Sub
```

(10) 时钟控件 2 的代码如下:

```
Private Sub Timer2_Timer()
If    PB1.Value = PB1.Max Then
MMC1.Command = "prev"
MMC1.Command = "play"
End If
End Sub
```

4. 程序代码调试

输入程序代码后, 完成程序代码的调试和修改。

四、探索与思考

上述案例可以播放 MP3、WAV、AVI 等格式的文件, 如何改进程序使其能播放 MOV、ASF、MPG 等格式的文件?

五、学生自主设计——播放器

1. 设计要求

1) 基本部分——模仿

用 Mmcontrol 控件与 CommonDialog 控件制作一个 VCD 播放器。

2) 拓展部分——创意设计

试设计一个影片播放器, 界面可参照图 10-4。

图 10-4

2. 知识准备

要完成自主设计内容，需掌握以下知识：

(1) MMControl 控件的常用属性、常用命令。

(2) CommonDialog 控件的常用属性、常用方法。

(3) 选择结构中二分支语句的格式与应用。

3. 效果评价标准

请对照表 10-5 完成自主设计的效果评价。

表 10-5　效 果 评 价 表

序号	评 价 内 容	分值	自评	互评	师评
1	界面布局合理，整齐美观	20 分			
2	语句完整，语法正确，书写规范、美观	20 分			
3	程序中应有适量的注释语句，便于他人阅读	20 分			
4	能实现规定的功能，无异常情况	20 分			
5	加入自己的思考和拓展	20 分			
合　计		100 分			

4. 设计小结

请将你的设计过程、设计体会、在设计过程中遇到的问题以及解决方法写在下面。

_____

_____

_____

_____

【案例 10-2】 网页浏览器

一、案例效果

本案例运用一些网络控件实现了一个简单的浏览器，该浏览器具有 IE 的大部分网络浏览功能，如通过"网页"菜单的子菜单可以实现前进、后退、刷新、停止等功能。本案例程序的运行效果如图 10-6 所示。

图 10-6

二、技术分析

本案例中主要运用了 1 个网络控件(WebBrowser 控件)、1 个通用对话框(CommonDialog 控件)、一个 ComboBox 控件、1 个标签控件和 1 个命令按钮控件。这里主要介绍网络控件——WebBrowser 控件和窗体控件的 Resize 事件，其他控件及技术在前面的章节已有介绍，这里不再缀述。

1. WebBrowser 控件

WebBrowser 控件由 IE 所提供，可以将其以 ActiveX 控件形式应用到 Visual Basic 程序中。该控件允许将 Web 页面作为 Visual Basic 窗体的一部分运行，主要用于网络浏览器的设计。WebBrowser 控件是一个高级控件，必须首先将其添加到工具箱中才能使用。

添加方法：选择"工程"—"部件"菜单命令，在打开的"部件"对话框中将"Microsoft Internet Controls"前面的复选框选中，然后单击"确定"按钮，则 WebBrowser 控件添加到工具箱中了。

1) WebBrowser 控件的常用属性

(1) Top 属性，用于设置该控件距窗体顶部的距离。

(2) Left 属性，用于设置该控件距窗体左边界的距离。

(3) Height 属性，用于设置该控件的高度。

(4) Width 属性，用于设置该控件的宽度。

2) WebBrowser 控件的常用方法

(1) Navigate2 方法。该方法用来打开指定的网页。

例如：

WebBrowser1.Navigate2 "Http://www.sohu.com"

表示使用 WebBrowser1 控件的 Navigate2 方法打开 Http://www.sohu.com 网页。

(2) Goback 方法。用该方法来实现网页的"后退"操作。

(3) GoForward 方法。用该方法来实现网页的"前进"操作。

(4) Refresh 方法。用该方法来实现网页的"刷新"操作。

(5) Stop 方法。用该方法来实现"停止"打开网页。

2．窗体控件

窗体控件前面我们已经接触过了，这里仅介绍窗体的 Resize 事件。

Resize 事件也是窗体最常用的事件，当窗体第一次显示或窗体状态发生改变时触发该事件。如：一个窗体大小改变、最大化、最小化或还原时发生该事件。

三、操作步骤

1．创建程序界面

(1) 启动 Visual Basic 6.0，新建一个"标准 EXE"工程。

(2) 在窗体上添加 1 个标签、1 个命令按钮、1 个组合框、1 个通用对话框和 1 个 WebBrowser 控件，并用菜单编辑器设计一个菜单，菜单的各项设置如表 10-6 所示。

表 10-6　设置各菜单项

菜单项	标　题	名　称	快捷键
主菜单项 1	文件(&F)	File	
子菜单项 1-1	打开	FileOpen	Ctrl+O
子菜单项 1-2	退出	Quit	Ctrl+Q
主菜单项 2	网页(&N)	WebPage	
子菜单项 2-1	前进	GoFore	
子菜单项 2-2	后退	GoBack	
子菜单项 2-3	刷新	Refresh	
子菜单项 2-4	停止	Stop	

2. 属性的修改与设置

请按表 10-7 所列设置对象的属性。

表 10-7　设置对象的属性

对象	对象名称	属性	属性值
窗体	Form1	Caption	网页浏览器
命令按钮	Command1	Caption	转到
组合框	Combo1	Text	(空值)
标签	Label1	Caption	地址

3. 程序代码设计

(1) 窗体加载事件的代码如下：

```
Private Sub Form_Load()
CommonDialog1.Filter = "Html 网页|*.htm;*.html|全部文件|*.*"
Combo1.AddItem "Http://www.baidu.com"
Combo1.AddItem "Http://www.sina.com.cn"
Combo1.AddItem "Http://www.yahoo.com.cn"
Combo1.ListIndex = 0
Me.WindowState = 2
End Sub
```

(2) 窗体大小改变事件的代码如下：

```
Private Sub Form_Resize()
WebBrowser1.Height = Me.Height - 500
WebBrowser1.Width = Me.Width - 400
End Sub
```

(3) 组合框中键盘按下事件的代码如下：

```
Private Sub Combo1_KeyPress(KeyAscii As Integer)
If KeyAscii = 13 Then
WebBrowser1.Navigate2 Combo1.Text
Combo1.AddItem Combo1.Text
End If
End Sub
```

(4) 命令按钮单击事件的代码如下：

```
Private Sub Command1_Click()
WebBrowser1.Navigate2 Combo1.Text
End Sub
```

(5) "文件"—"打开"菜单的代码如下：

```
Private Sub FileOpen_Click()
CommonDialog1.ShowOpen
Combo1.AddItem CommonDialog1.FileName
Combo1.ListIndex = Combo1.NewIndex
WebBrowser1.Navigate2 Combo1.Text
End Sub
```

(6) "文件"—"退出"菜单的代码如下：

```
    Private Sub Quit_Click()
End
End Sub
```

(7) "网页"—"前进"菜单的代码如下：

```
Private Sub gofore_Click()
WebBrowser1.GoForward
End Sub
```

(8) "网页"—"后退"菜单的代码如下：

```
Private Sub goback_Click()
WebBrowser1.goback
End Sub
```

(9) "网页"—"刷新"菜单的代码如下：

```
Private Sub refresh_Click()
WebBrowser1.refresh
End Sub
```

(10) "网页"—"停止"菜单的代码如下：

```
Private Sub stop_Click()
WebBrowser1.stop
End Sub
```

4．程序代码调试

输入程序代码后，完成程序代码的调试和修改。

四、探索与思考

(1) 为了让用户操作更加方便，如何运用前面所学的知识为上述案例添加一个工具条？

(2) 参照 IE 浏览器，对上述案例进行完善，使其成为更有效、实用的浏览器。

五、学生自主设计——IE 浏览器

1．设计要求

1) 基本部分——模仿

模拟 IE 浏览器的界面，设计一个基本功能较为完善的浏览器，界面如图 10-7 所示。

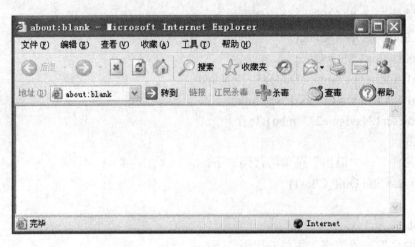

图 10-7

2) 拓展部分——创意设计

试着将浏览器的功能进行再扩展。

2．知识准备

要完成自主设计内容，需掌握以下知识：

(1) 菜单编辑器的使用及菜单的设计。

(2) 工具条的使用。

(3) 网络控件 WebBrowser 的相关知识。

(4) 组合框的相关知识。

3．效果评价标准

请对照表 10-8 完成自主设计的效果评价。

表 10-8 效 果 评 价 表

序号	评 价 内 容	分值	自评	互评	师评
1	界面布局合理，整齐美观	20 分			
2	语句完整，语法正确，书写规范、美观	20 分			
3	程序中应有适量的注释语句，便于他人阅读	20 分			
4	能实现规定的功能，无异常情况	20 分			
5	加入自己的思考和拓展	20 分			
合　　计		100 分			

4．设计小结

请将你的设计过程、设计体会、在设计过程中遇到的问题以及解决方法写在下面。

【本 章 小 结】

本章通过制作一个多媒体播放器和一个网页浏览器这两个案例，介绍了 Visual Basic 中多媒体控件的属性、方法及应用。由此可见，Visual Basic 的功能之强大，希望读者能够积极探索，制作出更有效、更实用的多媒体工具。

第11章　文　件

文件是存储在外部介质(如磁盘)上的用文件名称标识的数据的集合。当用户打开文件或向外部介质存储文件时，需要了解或显示有关文件的路径(即保存在外部介质上的位置)，为此，Visual Basic 提供了大量与文件管理有关的语句和函数，以及用于制作文件系统的控件。

学习目标：

(1) 掌握文件系统控件的使用。

(2) 掌握文本文件内容的读取与显示。

(3) 掌握应用程序的调用和对应文档的读取。

【案例】 文件浏览器

一、案例效果

程序运行后，用户可以在驱动器列表框中选择目标文件的路径，并且文件列表框能过滤出所有的文本文件。当用户在文件列表框中单击某文本的文件名后，在 Text1 中显示文件名(包括路径)，在 Text2 中显示该文件的内容。当用户在文件列表框中双击某文件名后，调用记事本程序对文本文件进行编辑。本案例的界面设计如图 11-1 所示。

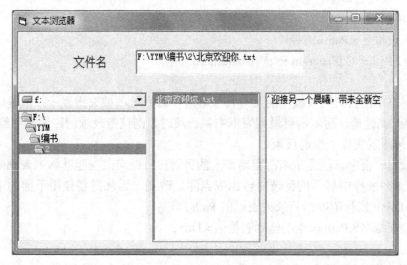

图 11-1

二、技术分析

1．驱动器列表框(DriveListBox)

驱动器列表框是一个下拉式列表框。当此列表框处于缺省状态时，显示用户系统当前驱动器名称。当用户单击列表框右侧的箭头时，列表框下拉列出系统所有的有效驱动器名称。

1) 常用属性

(1) Name 属性。Name 属性通常采用"Drv"作为驱动器列表框控件名的前缀。缺省时，Name 属性值为"Drive1"。

(2) Drive 属性。Drive 属性是在程序运行时所使用的属性，该属性用于返回用户在驱动器列表框中选中的驱动器。在程序运行时，可以通过赋值语句改变 Drive 属性值，从而指定出现在列表框顶端的驱动器。

如：Drive1.Drive="D:\ "

2) 常用事件

常用事件为 Change 事件。当用户在驱动器列表框的下拉列表中选择一个驱动器，或输入一个合法的驱动器标识符，或在程序中给 Drive 属性赋一个新的值时就会触发 Change 事件。

2. 目录列表框

目录列表框显示系统的当前驱动器目录结构，并突出显示当前目录。

1) 常用属性

(1) Name 属性。目录列表框的 Name 属性通常以"Dir"作为前缀。缺省时，Name 属性为"Dir1"。

(2) Path 属性。该属性用来设置和返回目录列表框中的当前目录。它只能在程序代码中设置，不能在属性窗口中设置。

其语句格式为：

<目录列表框名>.Path=路径

如：Dir1.Path="C:\Program File\VisualStudio"

说明：

① 当用户单击目录列表框中的某一目录项时，该目录项被突出显示，但是此次操作并没有改变 Path 属性值。而双击目录列表框中某一项时，则该目录项的路径就赋给了 Path 属性，这个目录项就变成了当前目录。

② 目录列表框中只能显示当前驱动器上的目录，所以当改变驱动器列表框中的当前驱动器时，目录列表框中显示的目录内容也应当随之改变。因此需要使用下面的语句将驱动器列表框的 Drive 属性值赋给目录列表框的 Path 属性：

<目录列表框名>.Path=<驱动器列表框名>.Drive

例如：

Private Sub Drive1_Change( )

    Dir1.Path=Drive1.Drive

End Sub

2) 常用事件

Change 事件是目录列表框控件的最基本事件之一。当用户双击目录列表框中的目录项，或在程序中通过赋值语句改变 Path 属性值时，均会触发该事件。

3. 文件列表框

1) 常用属性

(1) Name 属性。文件列表框的 Name 属性通常以"File"作为前缀。缺省时，Name 属性为"File1"。

(2) Path 属性。该属性用来设置和返回文件列表框中所显示文件的路径。它是一个运行时属性，在程序代码中可以通过如下语句来改变 Path 属性值。

如：File.Path=路径　　　或　　　File1.Path=Dir1.Path

(3) Pattern 属性。该属性用来设置程序运行时文件列表框中需要显示的文件类型。它可以在设计阶段用属性窗口来设置，也可以通过程序代码设置。缺省时 Pattern 属性值为"*.*"

(显示所有文件)。

用程序代码设置 Pattern 属性的语句格式为：

[窗体.]< 文件列表框名>.Pattern=属性值[；属性值…]

例如：

File1.Pattern="*.txt"

此语句的功能是设置文件列表框中只显示扩展名为 ".txt" 的文件，即文本文件。

(4) FileName 属性。该属性用来设置和返回文件列表框中将显示的文件名称，并且文件名称可以带有路径。FileName 属性是运行时属性，只能在程序代码中设置。其语句格式为：

[窗体名.]<文件列表框名>.FileName=文件名称

例如：

File1.FileName="E:*.txt"

执行此语句后，在文件列表框中显示 E 盘根目录下的所有扩展名为 ".txt" 的文件。

(5) ListCount 属性。该属性返回控件内所列项目的总数。它是运行时属性，只能在程序代码中使用。

例如：

Print File1.ListCount

此语句用来显示文件列表框中所列文件总数。

(6) ListIndex 属性。该属性用来设置或返回当前控件上所选择的项目的 "索引值"。它是运行时属性，只能在程序代码中使用。ListIndex 属性值从 0 开始，即第一项的索引值为 0。

例如：

File1.ListIndex=2

此语句表示选中文件列表框中的第三项。

2) 常用事件

(1) PathChange 事件。当文件列表框的 Path 属性改变时触发该事件。

(2) PatternChange 事件。当文件列表框的 Pattern 属性在程序代码中被改变时触发该事件。

4．打开文件的 Open 语句

在对文件进行任何操作之前，必须先打开文件，同时通知操作系统对文件进行读操作或写操作。打开文件的命令是 Open，其语句格式为：

Open 文件名 For 模式 As　[#]文件号 [Len=记录长度]

说明：

(1) 文件名可以是字符串常量(需加引号)，也可以是字符串变量。

(2) "模式" 为下列 3 种形式之一：

Output，对文件进行写操作。

Input，对文件进行读操作。

Append，在文件末尾追加记录。

(3) 文件号是一个介于 1～511 之间的整数。当打开一个文件并给它指定一个文件号后，该文件号就代表这个文件，直到文件被关闭后，此文件号才可以在被其他文件使用。

例如：

Open fname For Input As #1

其中，fname 为文件名，是一个字符串变量。此语句的功能是打开一个文件，文件名由字符串变量 fname 决定，文件号为 1，打开文件后对文件进行读操作。

5．关闭文件的 Close 语句

当对文件的读写操作结束之后，还必须将文件关闭，否则会造成数据丢失等现象。关闭文件所用的语句是 Close，其语句格式为：

Close　[[#]文件号] [，[#]文件号]…

例如：

Close #1,#2,#3

此语句的功能是关闭 1 号、2 号、3 号文件。如果省略文件号，Close 语句则关闭所有打开的文件。

6．读文件的语句和函数

1）Input #文件号，变量列表

该语句的功能是从文件中读出数据，并将读出的数据分别赋给指定的变量。

2）Line Input #文件号，字符串变量

该语句的功能是从文件中读出一行数据，并将读出的数据赋给指定的字符串变量。读出的数据中不包含回车符及换行符。

3）Input $(读取的字符数，#文件号)

该语句的功能是可以读取指定数目的字符。

7．其他函数

1）EOF()函数

该函数返回一个表示文件指针是否到达文件末尾的值。当到达文件末尾时，EOF()函数返回 True，否则返回 False。

2）Right()函数

该函数的语句格式是：

Right(C,N)

其功能是取出字符串 C 右边的 N 个字符。

例如：

Right(fname, 1)

此语句的作用是取出字符串变量 fname 中右边的一个字符。

3）Shell()函数

在 Visual Basic 中不仅可以调用系统提供的内部函数，还可以调用各种应用程序，这一功能是通过 Shell()函数来实现的。

Shell()函数的格式为：

Shell(命令字符串，[，窗口类型])

其中：

(1) 命令字符串：要执行的应用程序名，包括路径，它必须是可执行文件(扩展名为.com、.ext、.bat)。

(2) 窗口类型：表示执行应用程序的窗口大小，可选择0～4或6的整型数值。一般取1，表示正常窗口状态。

(3) 当成功调用 Shell()函数后返回一个任务标识 ID，它是运行程序的唯一标识，用于程序调试时判断执行的应用程序正确与否。

例如：

i = Shell("c:\WINNT\system32\notepad.exe" + "" + fname, 1)

此语句的功能是调用系统中的记事本程序，窗口类型为正常状态。

三、操作步骤

1．创建程序界面

(1) 启动 Visual Basic 6.0，新建一个"标准 EXE"工程。

(2) 在窗体上添加 1 个标签控件、2 个文本框控件、1 个驱动器列表框控件、1 个目录列表框控件和 1 个文件列表框控件。

2．属性的设置与修改

对照表 11-1 设置对象的属性。

表 11-1　设置对象属性

对　象	对象名称	属　性	属 性 值
窗体	Form1	Caption	文本浏览器
文本框	Text1	Text	(空值)
	Text2	Text	(空值)
		ScrollBars	3-Both
标签	Label1	Caption	文件名
驱动器列表框		名称	Drive1
目录列表框		名称	Dir1
文件列表框		名称	File1

3．程序代码设计

(1) 窗体加载事件的代码如下：

```
Private Sub Form_Load()
File1.Pattern = "*.txt"
End Sub
```

(2) 驱动器改变事件的代码如下：

```
Private Sub Drive1_Change()
```

```
Dir1.Path = Drive1.Drive
End Sub
```

(3) 目录改变事件的代码如下：

```
Private Sub Dir1_Change()
File1.Path = Dir1.Path
End Sub
```

(4) 文件列表框中文件的单击事件的代码如下：

```
Private Sub File1_Click()
Dim fname$, st$
If   Right(File1.Path, 1) = "\" Then
     fname = File1.Path + File1.FileName
Else
     fname = File1.Path + "\" + File1.FileName
End If
     Text1.Text = fname
     Text2.Text = ""
     Open fname For Input As #1
     Do While Not EOF(1)
     Line Input #1, st
     Text2.Text = Text2.Text & st & vbCrLf
Loop
     Close #1
End Sub
```

(5) 文件列表框中文件的双击事件的代码如下：

```
Private Sub File1_DblClick()
Dim fname$, st$, i%
If   Right(File1.Path, 1) = "\" Then
     fname = File1.Path + File1.FileName
Else
     fname = File1.Path + "\" + File1.FileName
End If
     i = Shell("c:\WINNT\system32\notepad.exe" + "" + fname, 1)
End Sub
```

4. 程序代码调试

输入程序代码后，完成程序代码的调试和修改。

四、探索与思考

(1) 本案例中文件列表框只能显示文本文件，如果要显示所有文件，则应如何修改程序？

(2) 如果要在 Text2 中只显示 5 个字符，则该如何修改程序？

五、学生自主设计——文件管理系统

1. 设计要求

1) 基本部分——模仿

设计一个文件管理系统，要求可以通过文本框来输入确定的文件名称和当前目录来改变驱动器列表框、目录列表框、文件列表框中显示的内容，也可以通过鼠标单击或双击列表框中的列表项来改变文本框中显示的文件名称和当前目录。其界面设计可参照图 11-2。

图 11-2

2) 拓展部分——创意设计

利用 Drive、Dir 和 File 3 个控件的同步操作，选取图形文件，并将其显示在 PictureBox 中。其界面设计可参照图 11-3。

图 11-3

2．知识准备

要完成自主设计内容，需掌握以下知识：

(1) 命令按钮的运用。

(2) 标签与文本框的运用。

(3) 驱动器列表框的属性与事件。

(4) 目录列表框的属性与事件。

(5) 文件列表框的属性与事件。

3．效果评价标准

请对照表 11-2 完成自主设计的效果评价。

表 11-2　效 果 评 价 表

序号	评 价 内 容	分值	自评	互评	师评
1	界面布局合理，整齐美观	20 分			
2	语句完整，语法正确，书写规范、美观	20 分			
3	程序中应有适量的注释语句，便于他人阅读	20 分			
4	能实现规定的功能，无异常情况	20 分			
5	加入自己的思考和拓展	20 分			
合　　　计		100 分			

4．设计小结

请将你的设计过程、设计体会、在设计过程中遇到的问题以及解决方法写在下面。

_____

_____

_____

【本 章 小 结】

本章通过制作一个简单文本浏览器的案例，具体介绍了各种文件管理控件的属性与事件以及文件处理的语句与函数。

第 12 章　综合项目一

Visual Basic 6.0 可以开发功能强大的应用程序，而几乎所有的应用程序都需要存放大量的数据，这种要求通常可以通过数据库管理系统来实现。因此 Visual Basic 6.0 与数据库的联系是十分紧密的。在 Visual Basic 6.0 中运用数据控件(Data Control)、数据访问对象(DAO)和 ActiveX 数据对象(ADO)等工具可以实现与数据库的完美连接。本章将通过一个综合项目实例来介绍有关数据库的知识。

学习目标：

(1) 掌握在程序中使用多个窗体方法。

(2) 掌握 Adodc 控件的属性和方法。

(3) 掌握 ADO 对象访问数据库的基本方法。

【案例】 通 讯 录

一、案例效果

本案例中共有两个窗体，程序运行后进入第一个窗体——信息浏览窗体，在该窗体上可以实现记录的修改、删除，还可以使用"第一条"、"上一条"、"下一条"、"最后一条"按钮方便地阅读数据库中的各条记录，并在操作不当时给出友好提示。当用户单击第一个窗体中的"添加"按钮时，进入第二个窗体——信息添加窗体，该窗体用来实现记录的添加。当记录添加成功后，会弹出"添加成功"的提示框；当记录添加不完整时，会弹出"信息添加不完全，请重新输入"的提示。

本案例中两个窗体的界面设计如图 12-1 和图 12-2 所示。

图 12-1

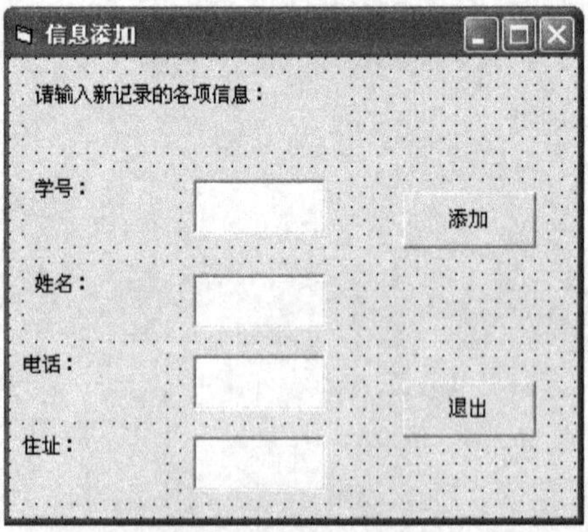

图 12-2

二、技术分析

本案例是一个综合项目设计案例，其中运用到了文本框、命令按钮、标签、窗体、ADO 等控件，还运用到了 Access 数据库、多窗体连接、人机交互函数等技术。

1. 文本框控件

本案例中运用了以下文本框控件的属性：

(1) Text 属性。该属性用于设置和获取文本框中显示的内容。

(2) MaxLength 属性。该属性用于设置和获取文本框中可以输入的文本的最大长度。当值为 0 时，用户可以输入任意长度的文本；当值为非 0 时，则为可以输入文本的字符个数，一个汉字相当于一个字符。

(3) DataSource 属性。该属性通过指定一个有效的数据控件将绑定控件连接到一个数据源上。例如，本案例中文本框与 Adodc1 相连，则文本框的 DataSource 属性值设置为 Adodc1。

(4) DataField 属性。该属性用于将文本框和数据库中的某个字段绑定，这样该文本框只能用于显示数据库中绑定字段的内容。例如，本案例中 Text1 绑定数据库中"学号"这一字段，所以 Text1 只能用于显示数据库中各条记录的学号。

2. 窗体控件

本案例中运用了以下窗体控件的方法：

(1) Hide 方法。该方法用来隐藏窗体，如隐藏窗体 Form1 可以表示为 Form1.Hide。

(2) Show 方法。该方法用来将隐藏的窗体显示，如将隐藏的窗体 Form1 显示可以表示为 Form1.Show。

3. ADO 数据控件

ADO(ActiveX Data Object)数据访问接口是 Microsoft 处理数据库信息的新技术。它是一种 ActiveX 对象，采用了被称为 OLE DB 的数据访问模式，是数据访问对象 DAO、远程数据对象 RDO 和开放数据库互连 ODBC 3 种方式的扩展。ADO 对象模型定义了一个可编程的分层对象集合，包括 Connection、Command、Recordset 3 个对象。3 个对象的主要功能如表 12-1 所示。

表 12-1　ADO 对象及其主要功能

对　象	说　　明
Connection	建立与数据库的连接
Command	对数据库执行命令，如查询、添加、删除、修改记录等命令
Recordset	得到从数据库返回的记录集

1) Connection 对象

Connection 对象又称连接对象，主要用来建立与数据库的连接。只有建立连接后，才能使用 Command 对象和 Recordset 对象来对数据库进行各种操作。

(1) 建立 Connection 对象。在 Visual Basic 6.0 中建立一个新对象使用以下语法格式：

Dim 对象名 As New 对象类型

如：Dim Conn As New ADODB.Connection

(2) 打开与数据库的连接。可以用 Open 方法来打开数据库并与之建立连接。其语法格式如下：

Connection 对象．Open"参数 1＝参数 1 的值；参数 2＝参数 2 的值……"

其参数及意义如表 12-2 所示。

表 12-2　Connection 对象的 Open 方法的参数及其意义

参　　数	说　　明
Dsn	ODBC 数据源名称
User	数据库登录账号
Password	数据库登录密码
Driver	数据库的类型(驱动程序)
Dbq	数据库的物理路径
Provider	数据提供者

(3) Connection 对象的方法。

① Open 方法。该方法用来建立与数据库的连接。只有用 Open 方法和数据库建立连接后，才可以继续进行各种操作。

② Close 方法。该方法用来关闭一个已打开的 Connection 对象及其相关的各种对象。它的作用主要是切断与数据库之间的连接通道。

2) Recordset 对象

Recordset 对象又称记录集对象，当用 Command 对象或 Connection 对象执行查询命令后，就会得到一个记录集对象，该对象包含满足条件的所有记录。利用 Recordset 对象还可以实现删除、添加或更新操作。

(1) 建立 Recordset 对象。使用 Recordset 对象前必须先建立该对象。建立一个名称为 Rst 的 Recordset 对象的语句格式如下：

Set Rst＝New ADODB.Recordset

(2) 打开记录集。可以用 Open 方法打开一个记录集，其语法格式如下：

Recordset 对象．Open ［Source］，［ActiveConnection］，［CursorType］，［LockType］，［Opeions］

其各参数说明请查阅相关资料，这里不作说明。

(3) Recordset 对象的常用属性。

① RecordCount 属性。该属性用来返回记录集中的记录总数，其语法格式为

Recordset 对象．RecordCount

例如，用文本框输出记录集 Rst 的记录总数：

Text1.text＝Rst.RecordCount

② Bof 属性。该属性用于判断当前记录指针是否在记录集的开头，返回 True 或 False，其语法格式为

Recordset 对象．Bof

③ Eof 属性。该属性用于判断当前记录指针是否在记录集的末尾，返回 True 或 False，其语法格式为

Recordset 对象．Eof

④ Fields 属性。该属性是一个包含在记录集对象中各个字段对象的集合，其语法格式为

Fileds("字段名")或 Fields(序号)

注意：序号从 0 开始。

如：Text1.Text = Adodc1.Recordset.Fields(0)

(4) Recordset 对象的方法。

① Open 方法与 Close 方法。Open 方法用于打开记录集；Colse 方法用于关闭记录集。

② MoveFirst 方法、MovePrevious 方法、MoveNext 方法与 MoveLast 方法。这一组方法用于移动记录集指针。MoveFirst 方法用于移动到第一条记录；MovePrevious 方法用于移动到当前记录的前一条记录；MoveNext 方法用于移动到当前记录的后一条记录；MoveLast 方法用于移动到最后一条记录。

③ AddNew 方法。该法用于向数据库添加一条新记录，其语法格式为

Recordset 对象．AddNew　[FieldList][, Values]

其中，FieldList 为新记录中字段的单个名称、一组名称或序号位置；Values 为新记录中字段的单个或一组值。

当 FieldList 参数与 Values 参数省略时，将添加一条新的空白记录，并且指针定位在该记录上。

④ Delete 方法。Delete 方法可将当前记录从记录集中删除，其语法格式为

Recordset 对象．Delete

⑤ Update 方法。Update 方法用于保存对 Recordset 对象的当前记录所做的更改，例如在使用了 AddNew 方法或 Delete 方法后可使用 Update 方法来保存对记录所做的更改。其语法格式为

Recordset 对象．Update

⑥ CancelUpdate 方法。CancelUpdate 方法可用于取消在调用 Update 方法前对当前记录所做的任何更改，其语法格式为

Recordset 对象．CancelUpdate

3) 使用 ADO 数据控件

在使用 ADO 数据控件前，必须先通过"工程"—"部件"菜单命令选择"Microsoft ADO Data Control 6.0(OLE DB)"选项，将 ADO 数据控件添加到工具箱。ADO 数据控件允许使用其基本属性快速创建与数据库的连接。

4) ADO 数据控件的基本属性

(1) ConnectionString 属性。ADO 控件使用该属性与数据库建立连接。ConnectionString 属性包含了用于与数据源建立连接的相关信息，它带有 4 个参数，如表 12-3 所示。

表 12-3 ConnectionString 属性参数

参　数	描　述
Provide	指定连接提供者的名称
FileName	指定数据源所对应的文件名
RemoteProvide	在远程数据服务器打开一个客户端时所用的数据源名称
RemoteServer	在远程数据服务器打开一个主机端时所用的数据源名称

(2) RecordSource 属性。RecordSource 确定具体可访问的数据，这些数据构成记录集对象 Recordset。该属性值可以是数据库中的单个表名、一个存储查询，也可以是使用 SQL 查询语言的一个查询字符串。

(3) ConnectionTimeout 属性。该属性用于数据连接的超时设置，若在指定时间内连接不成功则显示超时信息。

(4) MaxRecords 属性。该属性定义一个查询中最多能返回的记录数。

4．人机交互函数

Visual Basic 与用户之间的直接交互是通过 InputBox()函数、MsgBox()函数和 MsgBox 过程进行的。

1) InputBox()函数

函数形式如下：

InputBox(提示[，标题][，默认][，X 坐标位置][，Y 坐标位置])

其中，"提示"项不能省略，是字符串表达式，在对话框中作为信息显示，可为汉字，若要在多行显示，则必须在每行末加回车 Chr(13)和换行 Chr(10)控件符，或直接使用 Visual Basic 内部常数 vbCrLf；"标题"为字符串表达式，是输入对话框标题栏中的标题文字，若省略，则把工程名放入标题栏中；"默认"为字符串表达式，当在输入对话框中无输入时，则该默认值作为输入的内容；"X 坐标位置"和"Y 坐标位置"为整型表达式，以确定对话框左上角在屏幕上的位置，屏幕左上角为坐标原点，单位为 twip。

InputBox 函数的作用是在应用程序的运行过程中打开一个对话框，等待用户输入内容，当用户单击"确定"按钮或按回车键时，函数返回输入的值，其值的类型为字符串。

例如：有如下代码段，运行时屏幕的显示如图 12-3 所示，当单击"确定"按钮后，str 变量中的值为"1983-1-12"，并在窗体上显示出 str 的值。

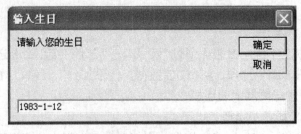

图 12-3

```
Private Sub Form_Click()
Dim str As String
str = InputBox("请输入您的生日", "输入生日")
Print str
End Sub
```

2) MsgBox()函数和 MsgBox 过程

MsgBox()函数用法如下：

变量[%]=MsgBox(提示[，按钮][，标题])

MsgBox 过程用法如下：

MsgBox 提示[，按钮][，标题]

其中，"提示"和"标题"的意义与 InputBox 函数中对应的参数相同；"按钮"为整型表达式，决定信息框按钮的数目和类型及出现在信息框上的图标类型。

三、操作步骤

1. 创建后台数据库

(1) 选择"开始"—"所有程序"—"Microsoft Access"命令，启动 Microsoft Access 2000 应用程序。此时，系统打开一个如图 12-4 所示的对话框，在该对话框中选择"空 Access 数据库"单选按钮，而后单击"确定"按钮，则又打开一个如图 12-5 所示的"文件新建数据库"对话框。

图 12-4

(2) 在图 12-5 所示对话框的"保存位置"下拉列表中选择文件的保存位置，在"文件名"文本框中输入文件的名称，如 Address.mdb，而后单击"创建"按钮，则打开如图 12-6 所示的"Address: 数据库"窗口。

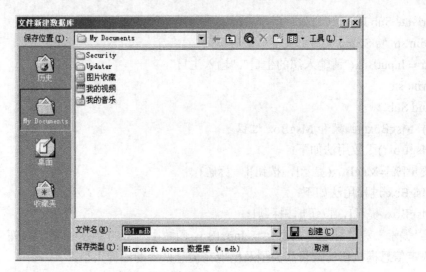

图 12-5

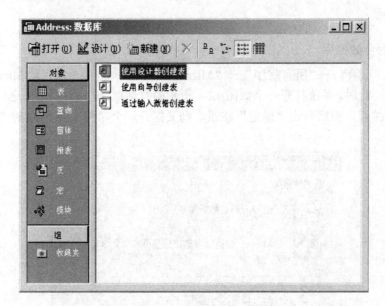

图 12-6

(3) 在图 12-6 所示的对话框中，双击"使用设计器创建表"图标，在弹出的表结构设计器中输入图 12-7 所示的内容。

表1: 表		
字段名称	数据类型	
学号	文本	
姓名	文本	
电话	文本	
住址	文本	

图 12-7

(4) 关闭表设计器，在弹出的"是否保存对表"表1"的设计的更改"对话框中选择"是"按钮，在弹出的"表名称"对话框中输入表名为"address"，而后单击"确定"按钮，在弹出的"尚未定义主键"对话框中单击"否"按钮。

(5) 在如图 12-8 所示的窗口中会出现"address"数据表图标，双击该图标。

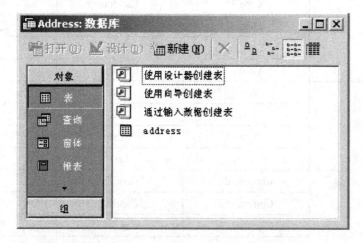

图 12-8

(6) 在弹出的"address：表"窗口中添加记录，如图 12-9 所示。

	学号	姓名	电话	住址
	01	周颖	52130803	南京市江宁区
	02	孙浩	52133888	南京市江宁区
	03	郑盼	52131666	南京市江宁区
	04	崔明	51234569	南京市江宁区
	05	李晓	52130876	南京市江宁区
	06	华珍	52130337	南京市江宁区
	07	刘顺	52133777	南京市江宁区
*				

图 12-9

2．应用程序界面设计

(1) 启动 Visual Basic 6.0，新建一个工程。

(2) 通过"工程"→"部件"菜单命令选择"Microsoft ADO Data Control 6.0(OLE DB)"选项，将 ADO 数据控件添加到工具箱。

(3) 在窗体 Form1 上添加 4 个标签、4 个文本框、10 个命令按钮和 1 个 Adodc 控件。

(4) 选择"工程"→"添加窗体"菜单命令，为工程添加窗体 Form2。

(5) 在窗体 Form2 上添加 5 个标签、4 个文本框和 2 个命令按钮。

3．各控件属性设置

按表 12-4 和表 12-5 所列设置各控件属性。

表 12-4 Form1 中各控件属性设置

对　象	对象名称	属　性	属 性 值
窗体	Form1	Caption	信息浏览
标签	Label1	Caption	学号：
	Label2	Caption	姓名：
	Labe13	Caption	电话：
	Label4	Caption	住址：
文本框	Text1	Text	空值
	Text2	Text	空值
	Text3	Text	空值
	Text4	Text	空值
命令按钮	Command1	Caption	添加
	Command2	Caption	修改
	Command3	Caption	删除
	Command4	Caption	确定
	Command5	Caption	取消
	Command6	Caption	第一条
	Command7	Caption	上一条
	Command8	Caption	下一条
	Command9	Caption	最后一条
	Command10	Caption	退出

表 12-5 Form2 中各控件属性设置

对　象	对象名称	属　性	属 性 值
窗体	Form2	Caption	信息添加
标签	Label1	Caption	请输入新记录的各项信息：
	Label2	Caption	学号：
	Label3	Caption	姓名：
	Label4	Caption	电话：
	Label5	Caption	住址：
文本框	Text1	Text	空值
	Text2	Text	空值
	Text3	Text	空值
	Text4	Text	空值
命令按钮	Command1	Caption	添加
	Command2	Caption	退出

4．连接数据库

(1) 鼠标右击 Form1 窗体中的 Adodc1 控件，在弹出的菜单中选择"ADODC 属性"命令，则打开如图 12-10 所示的"属性页"对话框。

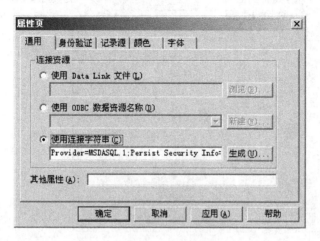

图 12-10

(2) 在该对话框中选择"使用连接字符串"单选按钮，然后单击"生成"按钮，则打开如图 12-11 所示的"数据链接属性"对话框。

图 12-11

(3) 在"提供程序"选项卡内选择一个合适的 OLE DB 数据源，因为 Address.mdb 是 Access 数据库，故选择"Microsoft Jet 4.0 OLE DB Provider"选项，然后单击"下一步"按钮或打开"连接"选项卡，指定数据库文件，如图 12-12 所示。为保证连接有效，可单击右下方的"测试连接"按钮，如果测试成功，则单击"确定"按钮，回到"属性页"对话框。

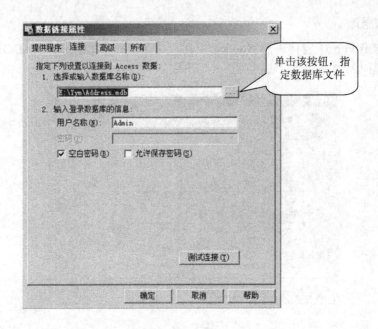

图 12-12

(4) 在"属性页"对话框中选择"记录源"选项卡,在"命令类型"下拉列表框中选择"2－adCmdTable"选项,在"表或存储过程名称"下拉列表框中选择"address"表,然后单击"确定"按钮,关闭"属性页"对话框。

(5) 运用文本框的 DataSource 属性和 DataField 属性将文本框与数据库绑定。具体设置见表 12-6。

表 12-6　Form1、Form2 中各文本框与数据库的绑定设置

对　　象	属　　性	属 性 值
Text1	DataSource	Adodc1
	DataField	学号
Text2	DataSource	Adodc1
	DataField	姓名
Text3	DataSource	Adodc1
	DataField	电话
Text4	DataSource	Adodc1
	DataField	住址

5. 程序代码的设置

(1) Form1 中"添加"按钮的程序代码如下:

Private Sub Command1_Click()

　　Form1.Hide

```
        Form2.Show
End Sub
```

(2) Form1 中"修改"按钮的程序代码如下：

```
Private Sub Command2_Click()
    Text1.Enabled = True
    Text2.Enabled = True
    Text3.Enabled = True
    Text4.Enabled = True
    Text1.SetFocus
End Sub
```

(3) Form1 中"删除"按钮的程序代码如下：

```
        Private Sub Command3_Click()
Dim x
x = MsgBox("确定删除该记录吗？", vbYesNo, "提示")
If x = vbYes Then
    Adodc1.Recordset.Delete
    If Adodc1.Recordset.RecordCount > 0 Then
        Adodc1.Recordset.MoveFirst
    Else
        MsgBox "通讯录中没有记录了！"
    End If
  End If
End Sub
```

(4) Form1 中"确定"按钮的程序代码如下：

```
Private Sub Command4_Click()
    Adodc1.Recordset.Fields(0) = Text1.Text
    Adodc1.Recordset.Fields(1) = Text2.Text
    Adodc1.Recordset.Fields(2) = Text3.Text
    Adodc1.Recordset.Fields(3) = Text4.Text
    Adodc1.Recordset.Update
    Text1.Enabled = False
    Text2.Enabled = False
    Text3.Enabled = False
    Text4.Enabled = False
End Sub
```

(5) Form1 中"取消"按钮的程序代码如下：

```
Private Sub Command5_Click()
    Adodc1.Recordset.CancelUpdate
    Text1.Text = Adodc1.Recordset.Fields(0)
```

```
        Text2.Text = Adodc1.Recordset.Fields(1)
        Text3.Text = Adodc1.Recordset.Fields(2)
        Text4.Text = Adodc1.Recordset.Fields(3)
        Text1.Enabled = False
        Text2.Enabled = False
        Text3.Enabled = False
        Text4.Enabled = False
End Sub
```

(6) Form1 中 "第一条" 按钮的程序代码如下：

```
Private Sub Command6_Click()
        Adodc1.Recordset.MoveFirst
        Text1.Text = Adodc1.Recordset.Fields(0)
        Text2.Text = Adodc1.Recordset.Fields(1)
        Text3.Text = Adodc1.Recordset.Fields(2)
        Text4.Text = Adodc1.Recordset.Fields(3)
End Sub
```

(7) Form1 中 "上一条" 按钮的程序代码如下：

```
Private Sub Command7_Click()
        Adodc1.Recordset.MovePrevious
        If Not Adodc1.Recordset.BOF Then
        Text1.Text = Adodc1.Recordset.Fields(0)
        Text2.Text = Adodc1.Recordset.Fields(1)
        Text3.Text = Adodc1.Recordset.Fields(2)
        Text4.Text = Adodc1.Recordset.Fields(3)
        Else
            MsgBox "已到第一条记录！"
            Adodc1.Recordset.MoveFirst
        End If
End Sub
```

(8) Form1 中 "下一条" 按钮的程序代码如下：

```
Private Sub Command8_Click()
        Adodc1.Recordset.MoveNext
        If Not Adodc1.Recordset.EOF Then
        Text1.Text = Adodc1.Recordset.Fields(0)
        Text2.Text = Adodc1.Recordset.Fields(1)
        Text3.Text = Adodc1.Recordset.Fields(2)
        Text4.Text = Adodc1.Recordset.Fields(3)
        Else
            MsgBox "已到最后一条记录！"
```

```
        Adodc1.Recordset.MoveLast
      End If
End Sub
```

(9) Form1 中"最后一条"按钮的程序代码如下：

```
Private Sub Command9_Click()
        Adodc1.Recordset.MoveLast
End Sub
```

(10) Form1 中"退出"按钮的程序代码如下：

```
Private Sub Command10_Click()
        End
End Sub
```

(11) Form2 中"添加"按钮的程序代码如下：

```
Private Sub Command1_Click()
    If Text1.Text <>"" And Text2.Text <>"" And Text3.Text <>"" And_Text4.Text <> "" Then
        Form1.Adodc1.Recordset.AddNew
        Form1.Adodc1.Recordset.Fields(0) = Text1.Text
        Form1.Adodc1.Recordset.Fields(1) = Text2.Text
        Form1.Adodc1.Recordset.Fields(2) = Text3.Text
        Form1.Adodc1.Recordset.Fields(3) = Text4.Text
        Form1.Adodc1.Recordset.Update
        MsgBox "记录添加成功！"
        Unload Me
        Form1.Show
    Else
    MsgBox "信息输入不完全，请重新输入！"
    End If
End Sub
```

(12) Form2 中"退出"按钮的程序代码如下：

```
Private Sub Command2_Click()
        Form2.Hide
        Form1.Show
End Sub
```

6. 程序代码调试

输入程序代码后，完成程序代码的调试和修改。

四、探索与思考

(1) 本案例为一个简单的通讯录程序，请运用所学知识为本程序设计一个用户登录窗口，只有注册的用户才能登录，使其功能进一步完善。

提示：创建用户数据库，存放用户注册信息。用户登录时将用户填写的信息与用户数据库中的信息进行比较。

(2) 查阅数据库查询的相关资料，使本案例能够实现"信息查询"功能。

五、学生自主设计——名片管理系统

1. 设计要求

1) 基本部分——模仿

模仿"通讯录"的程序界面设计名片管理系统的界面，并用程序实现名片添加、修改与删除的功能。界面设计如图 12-13 所示。

图 12-13

2) 拓展部分——创意设计

运用所学知识对名片管理系统的界面进行美化，并用程序实现名片的查询功能(分别按照职务、单位名称、联系电话进行查询)。界面设计如图 12-14 所示。

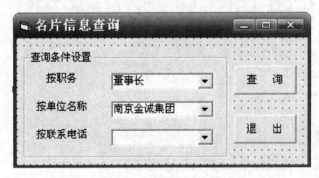

图 12-14

2. 知识准备

要完成自主设计内容，需掌握以下知识：

(1) 窗体、标签、文本框、命令按钮的常用属性与事件。

(2) 人机交互函数的格式与使用方法。

(3) 数据库的创建与连接方法。

3. 效果评价标准

请对照表12-7完成自主设计的效果评价。

表12-7 效 果 评 价 表

序号	评 价 内 容	分 值	自评	互评	师评
1	界面布局合理,整齐美观	20分			
2	语句完整,语法正确,书写规范、美观	20分			
3	程序中应有适量的注释语句,便于他人阅读	20分			
4	能实现规定的功能,无异常情况	20分			
5	加入自己的思考和拓展	20分			
合 计		100分			

4. 设计小结

请将你的设计过程、设计体会、在设计过程中遇到的问题以及解决方法写在下面。

_____

_____

_____

【本 章 小 结】

本章主要介绍了 Visual Basic 中数据库控件的属性、方法,并通过设计通讯录的案例具体介绍了 Visual Basic 与 Access 数据库技术的综合运用。Visual Basic 程序设计与数据库技术综合运用可以设计出功能非常强大的应用程序。

第 13 章　综合项目二

Visual Basic 程序设计语言是一个功能强大的系统开发工具，读者可以运用它开发出既实用又简单的小软件。本章将介绍一个完整的实用案例。

学习目标:

(1) 综合运用 Visual Basic 中的各种控件。

(2) 巩固学习 Visual Basic 语言基础知识。

(3) 菜单设计技术的运用。

(4) 综合运用数据库知识和报表设计技术。

【案例】 "好太太"家庭收支系统

一、案例效果

本案例中有一个登录界面供用户登录使用；一个"收入管理"界面可以用来添加收入、修改收入、查询收入、删除收入记录；一个"添加用户"的界面可以供用户注册使用；一个 MDI 窗体。其界面设计如图 13-1～13-4 所示。

图 13-1

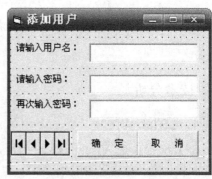

图 13-2

图 13-3

图 13-4

二、技术分析

1. SSTab 控件

SSTab 控件是 Visual Basic 为用户制作具有多个选项卡对话框而提供的控件。在使用 SSTab 控件前，必须先通过"工程"—"部件"菜单命令选择"Microsoft Tabbed Dialog Control 6.0"选项，将 SSTab 控件添加到常用工具箱中。

在 SSTab 控件上单击鼠标右键打开 SSTab 控件的属性页对话框，如图 13-5 所示。

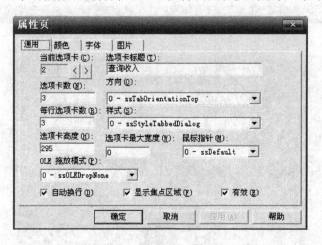

图 13-5

选择"通用"选项卡，在该对话框中可以设置 SSTab 控件中选项卡的个数、每行选项卡的个数、每个选项卡的高度、每个选项卡的标题等。

2. DataGrid 控件

DataGrid 控件是 Visual Basic 6.0 中新增的绑定控件，它必须使用 ADO 控件进行绑定。

该控件允许用户同时浏览或修改多个记录的数据。在使用 DataGrid 控件之前必须先通过"工程"—"部件"菜单命令选择"Microsoft DataGrid Control 6.0(OLE DB)"选项，将 DataGrid 控件添加到常用工具箱中。将 DataGrid 控件放置到窗体上后，设置它的 DataSource 属性为 ADO 控件，则将 DataGrid 控件与 ADO 控件绑定。

3．报表设计

在 Visual Basic 中制作数据报表可以运用系统中集成的数据报表设计器 Data Report Designer。执行"工程"—"添加 Data Report"命令，可以将报表设计器添加到当前工程中，生成一个 DataReport1 对象，并在工具箱内产生一个"数据报表"标签。其界面如图 13-6 所示。

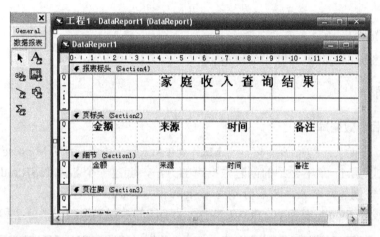

图 13-6

标签控件(A2)：用于在报表上放置静态文本。

文本控件(ab2)：用于在报表上连接并显示字段的数据。

图形控件(□2)：用于在报表上添加图片。

线条控件(2)：用于在报表上绘制直线。

形状控件(□2)：用于在报表上绘制各种各样的图形外形。

函数控件(Σ2)：用于在报表上建立公式。

报表标头区：用来设计报表显示时的标头内容。

页标头区：用来设计报表中显示的各个字段的名称。

细节区：用来显示各个字段中的数据。

报表对象的常用属性有 DataSource 和 DataMember。

(1) DataSource。该属性用来确定报表对象的数据源。

(2) DataMember。该属性用来确定报表对象的数据成员。

报表对象的常用方法有 Show 和 Hide。

(1) Show。该方法用来显示数据报表对象。

(2) Hide。该方法用来隐藏数据报表对象。

4．Select 语句

本案例中使用了 SQL 语言中的 Select(查询)语句，Select 语句的语法格式如下：

SELECT <字段名列表|*>

FROM <表名>

[WHERE 查询条件]

如："select * from yonghu where 用户名='" & Trim(Combo1.Text) & "'"

(1) SELECT 子句。SELECT 子句用于指定要包含在查询记录集中的字段，字段名与字段名之间用逗号隔开。而"*"表示查询表中的所有字段。

(2) FROM 子句。FROM 子句用于指定查询所要用到的数据表。

(3) WHERE 子句。WHERE 子句用于指定查询条件，只有满足查询条件的记录才会被返回。在 WHERE 子句中，查询条件表达式可以使用以下关系运算符：=、>、<、>=、<=、<>、Like 等。

5. Trim()函数

Trim()函数用于去除掉参数中的空格。

三、操作步骤

1. 创建后台数据库

(1) 选择"开始"—"所有程序"—"Microsoft Access"命令，启动 Microsoft Access 2000 应用程序。按照第 11 章中介绍的创建数据库的方法，创建一个名为 JTSR.mdb 的数据库，并在该数据库中创建两个表，表名分别为 yonghu 和 shouru。

(2) 分别设计 shouru 表和 yonghu 表的字段及字段的数据类型，如图 13-7 和图 13-8 所示。

图 13-7   图 13-8

(3) 分别为 shouru 表和 yonghu 表添加一些数据。

2. 应用程序界面设计

(1) 启动 Visual Basic 6.0，新建一个工程。

(2) 通过"工程"—"部件"菜单命令选择"Microsoft ADO Data Control 6.0(OLE DB)"选项，将 ADO 数据控件添加到工具箱。

(3) 在 Form1 窗体上添加 1 个图片框(PictureBox)控件、1 个框架控件、2 个标签控件、2 个命令按钮控件、1 个组合框控件、1 个文本框控件和 1 个 Adodc 控件。

注意：框架中的控件必须通过单击工具箱中的工具按钮然后用鼠标画出该控件。

(4) 选择"工程"—"添加窗体"菜单命令，为工程添加窗体 Form2、Form3。

(5) 选择"工程"—"添加 MDI 窗体"菜单命令，为工程添加一个 MDI 窗体。

(6) 利用菜单编辑器在 MDI 窗体上添加一个菜单，菜单的各项设置如表 13-1 所示。

表 13-1 菜单的各项设置

菜 单 项	标 题	名 称
主菜单项 1	用户管理	hostmanage
子菜单项 1-1	注册用户	zhuce
子菜单项 1-2	注销用户	zhuxiao
子菜单项 1-3	退出	exit
主菜单项 2	收入管理	inmanage
子菜单项 2-1	添加收入	addin
子菜单项 2-2	修改收入	modifyin
子菜单项 2-3	删除收入	deletein
子菜单项 2-4	查询收入	quirein
主菜单 3	支出管理	outmanage
子菜单 3-1	添加支出	addout
子菜单 3-2	修改支出	modifyout
子菜单 3-3	删除支出	deleteout
子菜单 3-4	查询支出	quireout
主菜单 4	帮助	help

(7) 利用 MDI 窗体的 Picture 属性为窗体添加一幅背景图片。

(8) 设计 Form2 窗体的界面。在 Form2 窗体上添加一个 SSTab 控件,设置选项卡数为 3,而后分别设置各选项卡的 Caption 属性为添加收入、修改与删除收入、查询收入。

(9) 在"添加收入"选项卡中添加 1 个框架控件,在框架控件中添加 1 个图片框控件、4 个标签控件、4 个文本框控件和 2 个命令按钮控件。其界面设计如图 13-4 所示。

(10) 在"修改与删除收入"选项卡中添加 3 个命令按钮和 1 个 DataGrid 控件。其界面设计如图 13-9 所示。

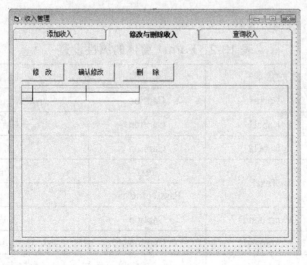

图 13-9

(11) 在"查询收入"选项卡中添加 1 个 DataGrid 控件、2 个命令按钮、1 个 Adodc 控件和 1 个框架控件，在框架中添加 3 个标签和 2 个组合框。其界面如图 13-10 所示。

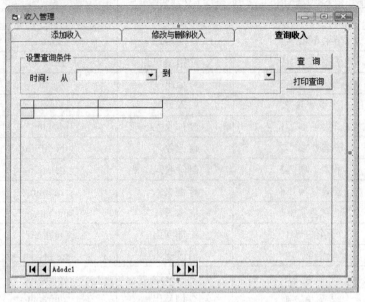

图 13-10

(12) 设计 Form3 窗体的界面。在 Form3 窗体上添加 3 个标签、3 个文本框、2 个命令按钮和 1 个 Adodc 控件。

(13) 执行"工程"—"添加 Data Report"命令，生成一个 DataReport1 对象。在"报表标头"区添加 1 个标签控件，将标签的 Caption 属性设置为"家庭收入查询结果"；在"页标题"区添加 4 个标签控件，分别设置这 4 个标签的 Caption 属性为"金额"、"来源"、"时间"、"备注"；在细节区添加 4 个文本框控件，分别设置这 4 个文本框的 DataField 属性为"金额"、"来源"、"时间"、"备注"。

3. 属性设置

按表 13-2～13-6 所列设置各对象的属性。

表 13-2　Form1 窗体的属性设置

对　象	对象名称	属　性	属　性　值
窗体	Form1	Caption	"好太太"家庭收支系统
标签	Label1	Caption	用户名：
	Label2	Caption	密码：
文本框	Text1	Text	空值
		PasswordChar	*
命令按钮	Command1	Caption	登录
	Command2	Caption	取消
数据库控件	Adodc1	将该控件与 yonghu 数据表相连接	

表 13-3　Form2 窗体"添加收入"选项卡的属性设置

对　象	对象名称	属　性	属　性　值
窗体	Form2	Caption	收入管理
标签	Label1	Caption	这次存多少钱啊?
	Label2	Caption	钱是从哪儿来的啊?
	Label3	Caption	存钱的时间是:
	Label4	Caption	备注:
命令按钮	Command1	Caption	确定
	Command2	Caption	取消
图片框	Picture1	Picture	选择一张图片

表 13-4　Form2 窗体"修改与删除收入"选项卡的属性设置

对　象	对象名称	属　性	属　性　值
命令按钮	Command1	Caption	修改
	Command2	Caption	确认修改
	Command3	Caption	删除

表 13-5　Form2 窗体"查询收入"选项卡的属性设置

对　象	对象名称	属　性	属　性　值
框架	Frame2	Caption	设置查询条件
标签	Label1	Caption	时间:
	Label2	Caption	从
	Label3	Caption	到
组合框	Combo1	Text	(空值)
	Combo2	Text	(空值)
命令按钮	Command1	Caption	查询
	Command2	Caption	打印查询
数据库控件	Adodc1	将该控件与 shouru 数据表相连接	

表 13-6　Form3 窗体的属性设置

对　象	对象名称	属　性	属　性　值
窗体	Form3	Caption	添加用户
标签	Label1	Caption	请输入用户名:
	Label2	Caption	请输入密码:
	Label3	Caption	再次输入密码:
文本框	Text1	Text	(空值)
	Text2	Text	(空值)
		PasswordChar	*
	Text3	Text	(空值)
		PasswordChar	*
命令按钮	Command1	Caption	确定
	Command2	Caption	取消
数据库控件	Adodc1	将该控件与 yonghu 数据表相连接	

4. 程序代码设计

(1) Form1 窗体中"登录"按钮的代码如下:

```
Private Sub Command1_Click()
Adodc1.CommandType = adCmdText
Adodc1.RecordSource = "select * from yonghu where 用户名='"& Trim(Combo1.Text)- & "'"
Adodc1.Refresh
If Adodc1.Recordset.EOF Then
    MsgBox "该用户不存在,请重新输入用户名!"
    Combo1.Text = ""
    Text1.Text = ""
    Combo1.SetFocus
Else
    Adodc1.RecordSource = "select * from yonghu where  密码='" & Trim(Text1.Text) –
& "'"
    Adodc1.Refresh
    If Adodc1.Recordset.EOF Then
        MsgBox "密码错误,请重新输入密码!"
        Text1.Text = ""
        Text1.SetFocus
    Else
        MDIForm1.Show
```

```
        Form1.Hide
    End If
End If
End Sub
```

(2) Form1 窗体中"取消"按钮的代码如下：

```
Private Sub Command2_Click()
End
End Sub
```

(3) Form2 窗体中"添加收入"选项卡中"确定"按钮的代码如下：

```
Private Sub Command1_Click()
If Text1.Text <> "" And Text2.Text <> "" And CDate(Text3.Text) <> 0 And Text4.Text Then
Adodc1.Recordset.AddNew
Adodc1.Recordset.Fields(0) = Text1.Text
Adodc1.Recordset.Fields(1) = Text2.Text
Adodc1.Recordset.Fields(2) = CDate(Text3.Text)
Adodc1.Recordset.Fields(3) = Text4.Text
Adodc1.Recordset.Update
MsgBox "收入添加成功！"
Else
MsgBox "请您将信息输入完整！"
End If
Text1.Text = ""
Text2.Text = ""
Text3.Text = ""
Text4.Text = ""
Text1.SetFocus
End Sub
```

(4) Form2 窗体中"添加收入"选项卡中"取消"按钮的代码如下：

```
Private Sub Command2_Click()
Form2.Hide
MDIForm1.Show
End Sub
```

(5) Form2 窗体中"修改与删除收入"选项卡中"修改"按钮的代码如下：

```
Private Sub Command5_Click()
DataGrid2.Enabled = True
Command6.Enabled = True
Command5.Enabled = False
End Sub
```

(6) Form2 窗体中"修改与删除收入"选项卡中"确认修改"按钮的代码如下：

```
Private Sub Command6_Click()
Command5.Enabled = True
Command6.Enabled = False
DataGrid2.Enabled = False
End Sub
```

(7) Form2 窗体中"修改与删除收入"选项卡中"删除"按钮的代码如下：

```
Private Sub Command9_Click()
Dim answer As String
answer = MsgBox("确定删除该记录吗？", vbYesNo, "提示")
If Not Adodc1.Recordset.BOF Then
    If answer = vbYes Then
    Adodc1.Recordset.Delete
    Adodc1.Recordset.Update
    End If
Else
  MsgBox "数据库中没有记录了！"
End If
End Sub
```

(8) Form2 窗体中"查询收入"选项卡中"查询"按钮的代码如下：

```
Private Sub Command3_Click()
Dim d1 As Date, d2 As Date
d1 = CDate(Combo1.Text)
d2 = CDate(Combo2.Text)
Set DataGrid1.DataSource = Adodc1
Adodc1.CommandType = adCmdText
Adodc1.RecordSource = "select * from shouru where  时间  between # " & d1 & "# and # "
& d2 & "#"
Adodc1.Refresh
End Sub
```

(9) Form2 窗体中"查询收入"选项卡中"打印查询"按钮的代码如下：

```
Private Sub Command4_Click()
Set DataReport1.DataSource = Adodc1.Recordset.DataSource
DataReport1.DataMember = Adodc1.Recordset.DataMember
DataReport1.Show
End Sub
```

(10) Form3 窗体中"确定"按钮的代码如下：

```
Private Sub Command1_Click()
If Text1.Text <>"" And Text2.Text <>"" And Text3.Text <>"" And Text2.Text=Text3.Text Then
```

```
Form3.Adodc1.Recordset.AddNew
Form3.Adodc1.Recordset.Fields(0) = Text1.Text
Form3.Adodc1.Recordset.Fields(1) = Text2.Text
Form3.Adodc1.Recordset.Update
MsgBox "记录添加成功！"
Else
MsgBox "信息输入不完全，请重新输入！"
End If
End Sub
```

(11) Form3 窗体中"取消"按钮的代码如下：

```
Private Sub Command2_Click()
End
End Sub
```

5．程序代码调试

输入程序代码后，完成程序代码的调试和修改。

四、探索与思考

(1) 本案例中仅仅设计了收入管理部分，请读者认真思考并完成支出部分的设计。

(2) 一个完整的软件，除了主要的功能设计外，有时还需要一些辅助功能的设计，比如本案例的"帮助"信息部分，请参照 Word 中的帮助菜单来完成本案例中的帮助菜单的内容。

五、学生自主设计——学生成绩管理系统

1．设计要求

1) 基本部分——模仿

模仿本案例设计一个学生成绩管理系统，要求能够实现学生成绩的添加、修改、删除、查询等功能。其界面如图 13-11～13-13 所示。

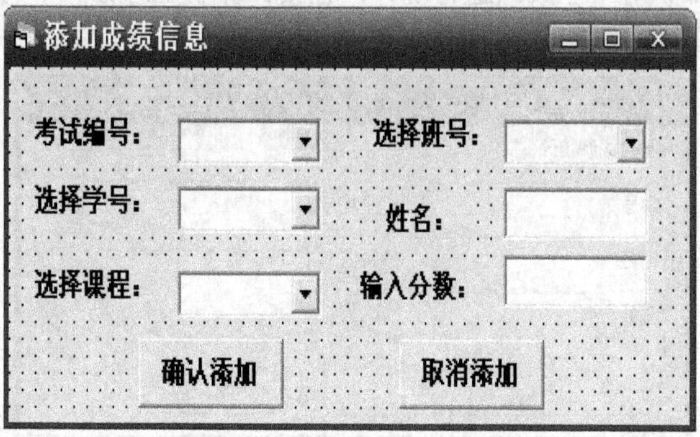

图 13-11

图 13-12

图 13-13

2) 拓展部分——创意设计

运用数据库的知识对学生成绩进行统计，包括计算学生总分、平均分、排名等，并能打印统计结果，如图 13-14 所示。

图 13-14

2. 知识准备

要完成自主设计内容，需掌握以下知识：

(1) 窗体、标签、文本框、命令按钮的常用属性与事件。

(2) 组合框与框架的运用。

(3) 人机交互函数的格式与使用方法。

(4) SSTab 控件的运用。

(5) 数据库的创建与连接方法。

(6) 数据报表的制作。

(7) DataGrid 控件的运用。

(8) Select 语句的运用。

3. 效果评价标准

请对照表 13-7 完成自主设计的效果评价。

表 13-7 效 果 评 价 表

序号	评 价 内 容	分值	自评	互评	师评
1	界面布局合理，整齐美观	20 分			
2	语句完整，语法正确，书写规范、美观	20 分			
3	程序中应有适量的注释语句，便于他人阅读	20 分			
4	能实现规定的功能，无异常情况	20 分			
5	加入自己的思考和拓展	20 分			
合 计		100 分			

4. 设计小结

请将你的设计过程、设计体会、在设计过程中遇到的问题以及解决方法写在下面。

【本 章 小 结】

本章通过一个综合实训项目——"好太太"家庭收支系统，巩固了 Visual Basic 编程基础、Visual Basic 中常用控件的运用、数据库技术的应用、菜单的设计技术，并学习了数据报表的制作方法，使读者体会到开发一个综合运用程序的基本流程。

附录 ASCII 码对照表

十进制	字符	十进制	字符	十进制	字符	十进制	字符
0	nul	33	!	66	B	99	c
1	soh	34	"	67	C	100	d
2	stx	35	#	68	D	101	e
3	etx	36	$	69	E	102	f
4	eot	37	%	70	F	103	g
5	enq	38	&	71	G	104	h
6	ack	39	'	72	H	105	i
7	bel	40	(	73	I	106	j
8	bs	41	)	74	J	107	k
9	ht	42	*	75	K	108	l
10	nl	43	+	76	L	109	m
11	vt	44	,	77	M	110	n
12	ff	45	-	78	N	111	o
13	er	46	.	79	O	112	p
14	so	47	/	80	P	113	q
15	si	48	0	81	Q	114	r
16	dle	49	1	82	R	115	s
17	dc1	50	2	83	S	116	t
18	dc2	51	3	84	T	117	u
19	dc3	52	4	85	U	118	v
20	dc4	53	5	86	V	119	w
21	nak	54	6	87	W	120	x
22	syn	55	7	88	X	121	y
23	etb	56	8	89	Y	122	z
24	can	57	9	90	Z	123	{
25	em	58	:	91	[	124		
26	sub	59	;	92	\	125	}
27	esc	60	<	93	]	126	~
28	fs	61	=	94	^	127	del
29	gs	62	>	95	_		
30	re	63	?	96	'		
31	us	64	@	97	a		
32	sp	65	A	98	b		

参 考 文 献

[1] 沈大林，杨旭，王浩轩，等. Visual Basic 程序设计案例教程. 北京：中国铁道出版社，2004

[2] 朱连庆. 可视编程应用——Visual Basic 6.0. 北京：电子工业出版社，2002

[3] 杨增添. Visual Basic 程序设计教程. 北京：人民邮电出版社，2006

[4] 孙燕，陈宁，张芃. Visual Basic 6.0 程序设计. 北京：高等教育出版社，2004

参考文献